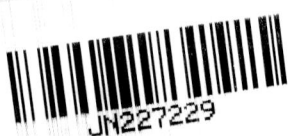

マンガでわかる

有機化学

長谷川　登志夫／著　牧野　博幸／作画　トレンド・プロ／制作

Ohmsha

まえがき

有機化学の対象となる有機化合物は、主に炭素、水素、酸素、窒素の4つの元素から作られています。構成元素の種類は少ないのですが、他の元素とは異なった特徴的な種々の結合をすることにより、多様な性質の数限りない有機化合物が生み出されています。生物の重要な構成物質や、栄養となる物質、薬などの多くも有機化合物です。これらにかかわる方にとって有機化学はベースとなる学問です。

生物は、炭素原子を結びつけて、そこに水素原子、酸素原子や窒素原子などのわずかな種類の原子を取り込んで、生命活動に必要なさまざまな有機化合物を作り出しています。原子には炭素以外にも100以上の多くの種類の原子があります。こんなに多くの種類の原子の中で、生命は炭素原子を選んでいるのです。なぜなのか、その答えを学ぶのが有機化学なのです。

このような有機化学を学ぶには、原子・分子についての基本的な理解が必要になります。有機化合物は、どのような原子がどのようにして結びついて作られているか、その理由を知ることによって、有機分子の溶解性、沸点の違いなど性質の違いを理解することができます。さらに、分子をどのような条件で反応させることによって、望む分子を作ることができるかも予想することができます。つまり、原子・分子の性質から考えることで、有機化学が言葉や反応を単に覚えるだけの暗記の学問ではなくなるはずです。

本書では、高校までの化学の知識を想定しています。つまり、高校までの化学の理解があれば、本書を読み進めることによって、単なる知識を知るということではなく、今までにはなかった有機化学の世界に触れることができるはずです。本書は、マンガの部分で登場人物の大学生に対する講義形式で、有機化学を理解するうえでの基本的な考え方を丁寧に説明してあります。どのようにして、炭素原子から有機分子が作られてくるのか、また、有機分子にはどのような性質、たとえば水に溶けやすいとか油に溶けやすいなどの性質が生まれるのはなぜなのか、このような基本的な考えの説明に重点を置いています。そのため、通常の基礎有機化学で取り扱っている有機化学反応の大半を取り上げていません。有機化学を本当に理解するには、たくさんの知識ではなく、なぜそうなるかの理由を理解することです。さらに、コラムでは、私の専門である香料化学の観点から、有機化学的ものの捉え方について説明してあります。この本を読み終わった時に、皆さんにとって新たな有機化学の世界が広がっていることを願っています。

最後に、この本の執筆を続けてこられたことに対して、オーム社開発部の皆様に感謝を申しあげたいと思います。そして、私の原稿をもとに素晴らしいマンガにしていただきましたトレンド・プロの皆様、作画を担当された牧野博幸氏、シナリオを担当された青木健生氏および大竹康師氏にも、心よりお礼申しあげます。また、原稿の査読を快くお引き受けいただきました埼玉大学大学院教授の石井昭彦先生にも、この場をかりてお礼申しあげます。

2014年3月

長谷川　登志夫

目次

プロローグ

異星からの伝道師

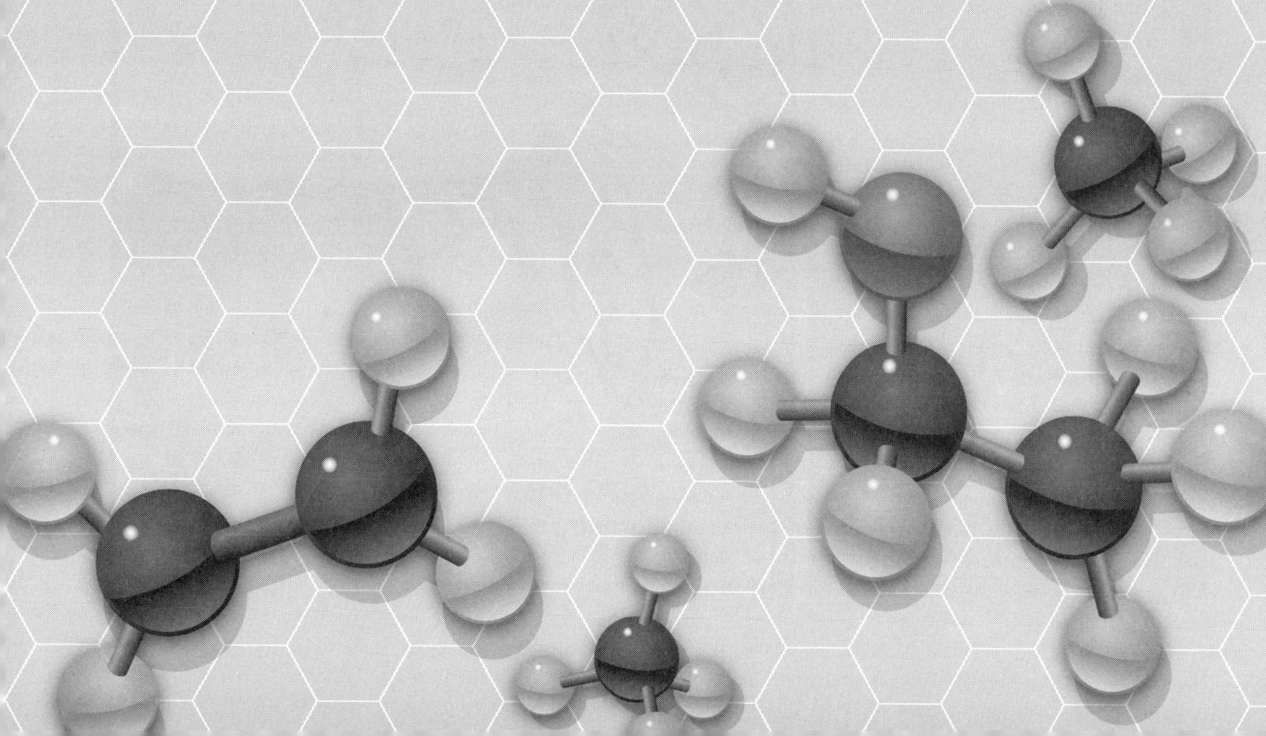

――某《なにがし》大学
え～　であるからして
○○が△△となり
□※☀§なので…
かのごとく二重結合
および三重結合が…
だっ…　駄目だ
何いってるのか
１ミリもわかんない…
某《なにがし》大学１年生
加賀邦明

化学式を
見てるだけで
頭痛が…
そんなボクが
なんで理系の
大学に入ったの
かといえば――
ちら…
某大学１年生
有田ノゾミ
あこがれの
“あの女性《ひと》”と
少しでも
お近づきに
なりたかったから
キラリン…

ノゾミさん…
もうボクと同じ高校
だったのも覚えて
ないんだろうなぁ…
24 HOUR
新 New スイーツ弁当
晩メシ
買ってこ
ワン
ワン
こんな時間から
酔っぱらい…かな？
ウィ〜ン…
えーい！
このハムの
切れっぱしは
私のモノだ！
あっちいけ
シッ！シッ!!
ぺくちん堂
ワン
ワン

いや～　今日は大変だったねェ　お兄さん
DOUBLE ZETT
ZZ
えっ
知らないの？　何かでっかい隕石が落ちてきたって町中大騒ぎで
肉まん
あー　それでさっきからパトカーや消防車が…
そんな物騒な石コロより幸せの流れ星にボクの願いをかなえて欲しいよ
メゾン ド アマリリス
あれっ？カギが…
ガチャ
おかしいな…朝ちゃんとロックして出たはずだけど
そ～…

よう青年！ 私は科学調査研究家
ユウキマンだ!!
あわわわ
ずん
ずん
電話…
警察… 警察…
決して怪しい者じゃない！
だから騒ぐんじゃないぞっ!!

いやー 調査のために乗ってきた宇宙船が墜落してしまってね！
修理が完了するまで地球にとどまることになったんだ！
わっはっは
と まあ ここまでの事情は理解したね？
いや… なぜそんなお方がボクの部屋に不法侵入を？
なあに さっき近所で20人組の宇宙マフィアと戦った傷を癒やすため… にね
フッ
うわ すっごいホラ吹いてる!!
——ところで加賀クンキミの部屋には有機化学の書物が多いようだが？
有機化学超入門
サルでもわかるH_2O
はじめての炭化水素
超絶やさしい化学

いやー　ボク大学で
勉強してるんだけど
もう難しくって
何が何やら…
ほう
そりゃ　ややこしい数式や
詰めこみの暗記から入ってりゃ
誰でもそうなるわなー
ガツ
ガツ
あーっ！
ボクの晩ゴハン!!
――ところで　この美味しい
お弁当のおかずは「何」から
できているのかな？
え？
そう考えるのだって
有機化学の出発点さ
げふ
まずは身近な
ところから
始めればいい

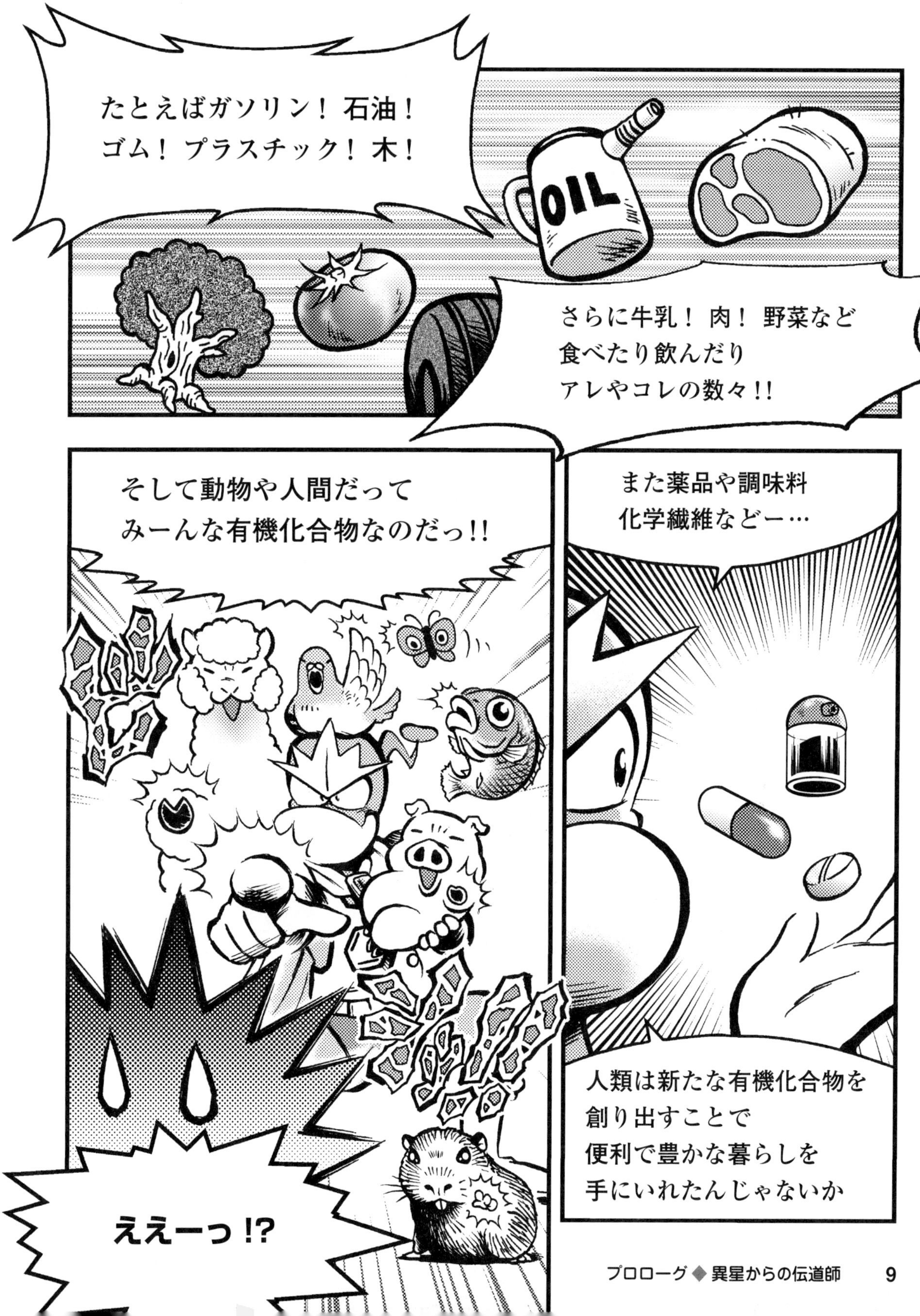
たとえばガソリン！石油！ゴム！プラスチック！木！
さらに牛乳！肉！野菜など食べたり飲んだりアレやコレの数々!!
また薬品や調味料化学繊維などー…
人類は新たな有機化合物を創り出すことで便利で豊かな暮らしを手にいれたんじゃないか
そして動物や人間だってみーんな有機化合物なのだっ!!
ええーっ!?

す…すごいや！何かとってもわかりやすいよ!!
フフン♪ だーから私は専門家だといったろ！
そうか…こうやってじっくり覚えてゆけばボクにも有機化学が…
…じゃあ決まりだな
へっ？
私が有機化学のレクチャーをしてあげる代わりに 加賀クンは私に 衣・食・住 を提供するのだっ!!
わ〜っ！なんて強引な…

第1章

化学の基礎

1.1 化学って何？

ちゅんちゅん
やあ たまには他人と一緒の朝食もいいモンだなァ 加賀クン
ユウキマンは有機化学の専門家なんだよね？
うむ！ 何でも聞いてくれ
まず…有機化学って何？
そこか!? だ…大丈夫かキミは？ 理系の大学に通ってるんだろ!?
あ… ハハハ まあ一応
ん～…化学も有機化学もわかれば楽しいんだが

いいかね？ そもそも
化学とは「分子」レベルで
物質の性質や反応を
調べる学問のことだ
同じ理科でも学問に
よって調べるサイズが違う
調べるサイズ
大
小
生物：細胞
化学：分子
物理：原子
その化学の中でもいろいろあって
研究方法で区別されたり…
ふん
ふん
扱う物質の違いで
分けたりする！
それで、『**有機化合物**』を
対象にした化学が
『**有機化学**』なんだ!!

物理化学	物理の力で化学を考える
分析化学	物質を化学の力でどうやって分析するかを考える
生物化学	生物を化学の力で考える

有機化学	対象とする物質が有機化合物である化学
無機化学	対象とする物質が無機化合物である化学

有機化合物というと
えーっと…
C
H
炭素（C）や水素（H）が
中心となって
数種類の元素が
結びついたもの！
もともとは生物から
生まれるもの全般を
指していたんだが
CO CO_2
まあ
「一酸化炭素（CO）や
二酸化炭素（CO_2）を
除いた炭素や水素を
含む化合物」とざっくり
覚えておけばいい
う～ん… 全然
ざっくりしてないような？
ここだけの話 実は
一部に例外もあり
しっかり定義は
しにくいんだけどな
石炭！
一部の例外
よろしい！
ではこれで
どうだっ!!

では あらためて紹介しよう！
これらは皆『有機化合物』の例だ!!
へえ～
酒！
（エタノール）
大吟醸
ぶり侍
酢
酢！
（酢酸）
砂糖！
（ショ糖）
油
食用油！
（オレイン酸）
合成繊維！
（ナイロン）
うまみ成分！
（グルタミン酸）
皮膚・髪など！
（タンパク質）
ちなみに こっちが
『無機化合物』の例だ
Fe
金属
Au
H_2O
水
塩
NaCl
C
ダイアモンド
などなど…

1.2 有機化合物の分子の骨格は炭素原子である

いや「無限に」は
盛りすぎじゃあ…
そんなことはないぞ！
今日もどこかで有機合成によって
新しい有機化合物が
作られているはずだ！
彼らを仲良く結合
（化学結合）させることで
無限の化合物が
我等の望みのままに…
C
H
ノ…ノゾミさんが
仲良く結合!?
?
?
ノゾミさんが そんなふしだらな
マネするもんかっ！ ボクだって
高校体育祭のフォークダンスじゃ
手も握れなかったのにーっ!!
ボカ
何だ 何だ
何だーっ!?
えー では
再び原子の
話に戻るが…

この炭素原子と水素原子の結合で何か気がつくことはないか？ 加賀クン
あ！ 水素原子は１本で炭素原子は４本…３本余ってる
そう！
だから４つの手を持つ炭素原子は――
一度に４つの原子と結合できるのだ!!
いや〜
げーっ！ 四つ股!?

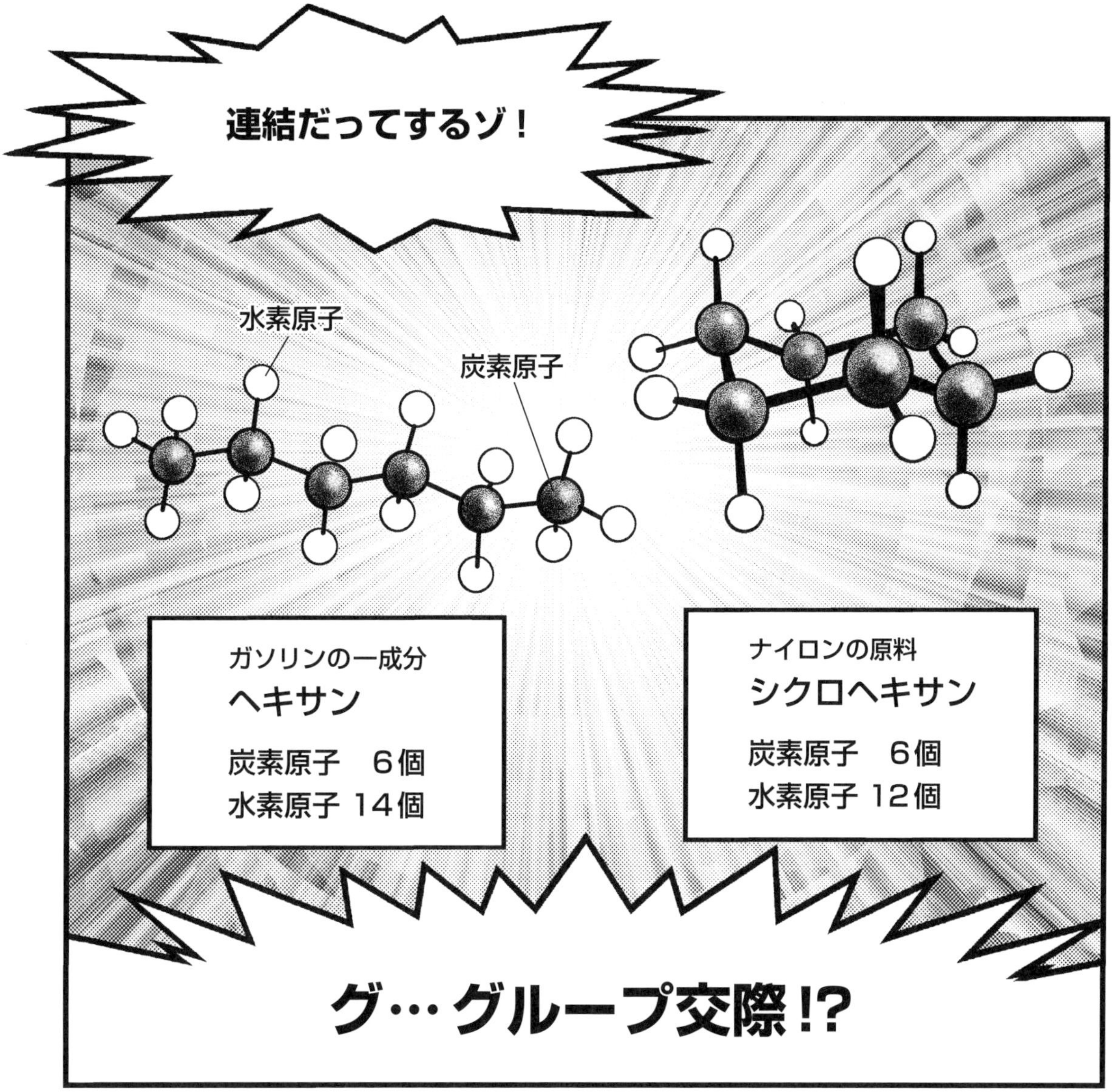
連結だってするゾ！
水素原子
炭素原子
ガソリンの一成分
ヘキサン
炭素原子　6個
水素原子 14個
ナイロンの原料
シクロヘキサン
炭素原子　6個
水素原子 12個
グ…グループ交際!?

なっ…何でそんなに
炭素ばかりがっ!!
ふふふ…　しかも炭素原子は
水素原子とばかり結合
するわけじゃないぞぉ
キーッ!!
だんだん面白くなってきた

※ ほかにP（リン）とS（硫黄）などがある。

1.3 原子の構造と化学結合（原子の構造）

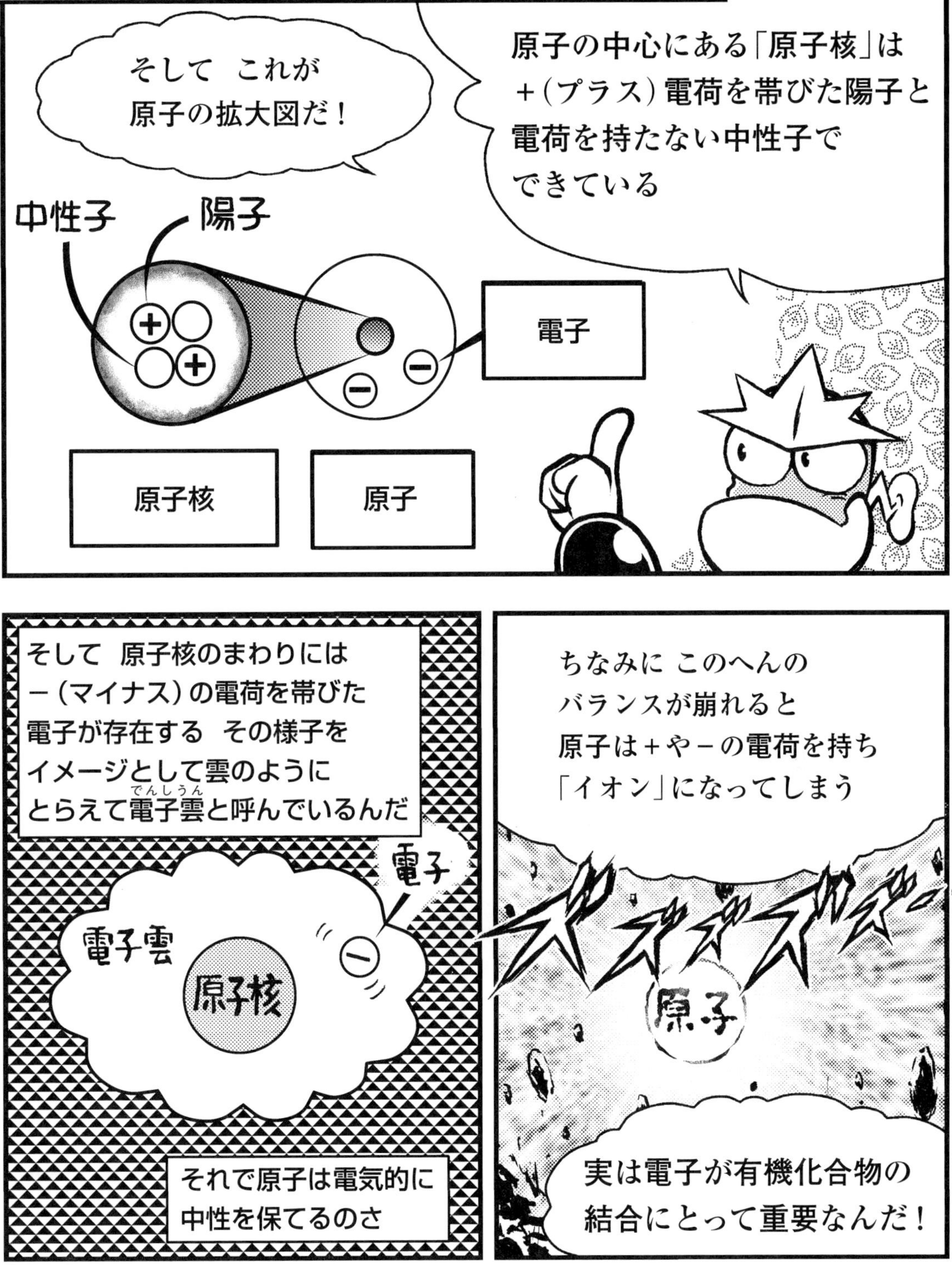

そして これが 原子の拡大図だ！
原子の中心にある「原子核」は ＋（プラス）電荷を帯びた陽子と 電荷を持たない中性子で できている
中性子
陽子
電子
原子核
原子
そして 原子核のまわりには −（マイナス）の電荷を帯びた 電子が存在する その様子を イメージとして雲のように とらえて電子雲《でんしうん》と呼んでいるんだ
電子
電子雲
原子核
それで原子は電気的に 中性を保てるのさ
ちなみに このへんの バランスが崩れると 原子は＋や−の電荷を持ち 「イオン」になってしまう
原子
実は電子が有機化合物の 結合にとって重要なんだ！

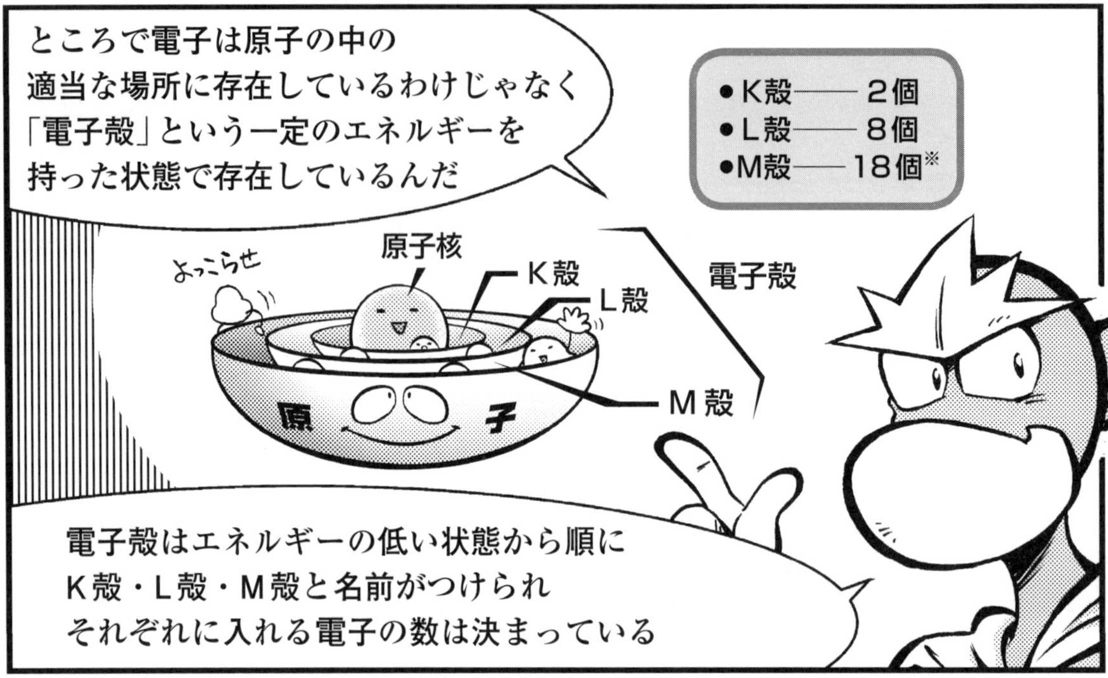

それぞれの電子殻の
定員がいっぱいだと
『閉殻構造』となり…

元素記号	元素名	陽子の数	電子の数
H	水素	1	1
He	ヘリウム	2	2
Li	リチウム	3	3
Be	ベリリウム	4	4
B	ホウ素	5	5
C	炭素	6	6
N	窒素	7	7
O	酸素	8	8
F	フッ素	9	9
Ne	ネオン	10	10
Na	ナトリウム	11	11
Mg	マグネシウム	12	12
Al	アルミニウム	13	13
Si	ケイ素	14	14
P	リン	15	15
S	硫黄	16	16
Cl	塩素	17	17
Ar	アルゴン	18	18

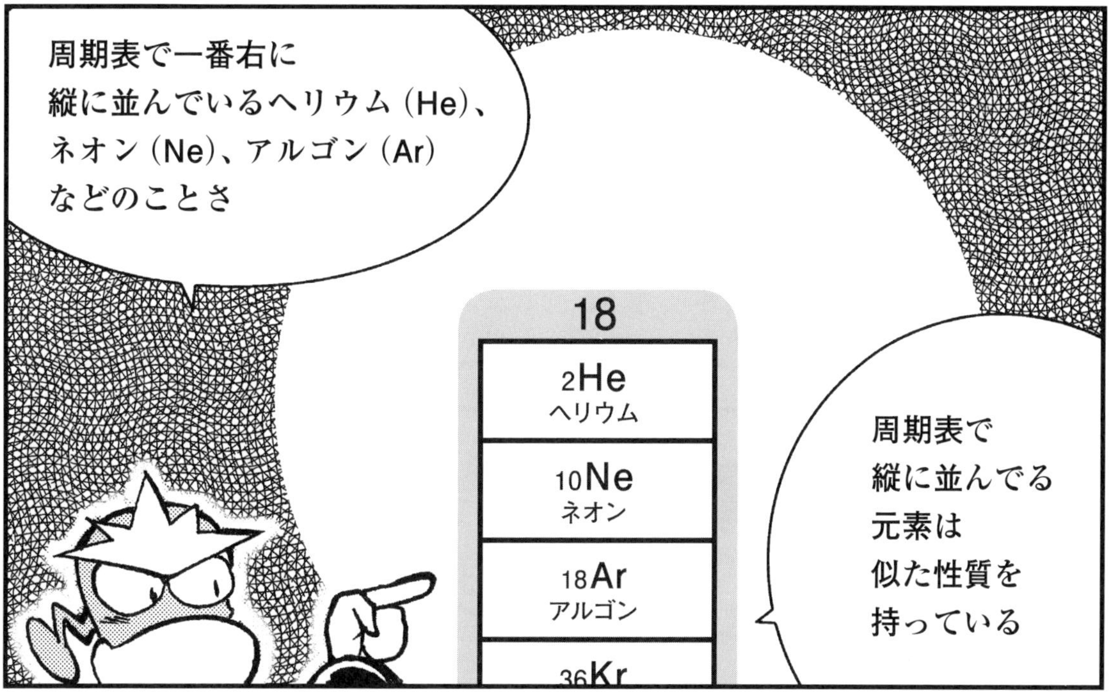

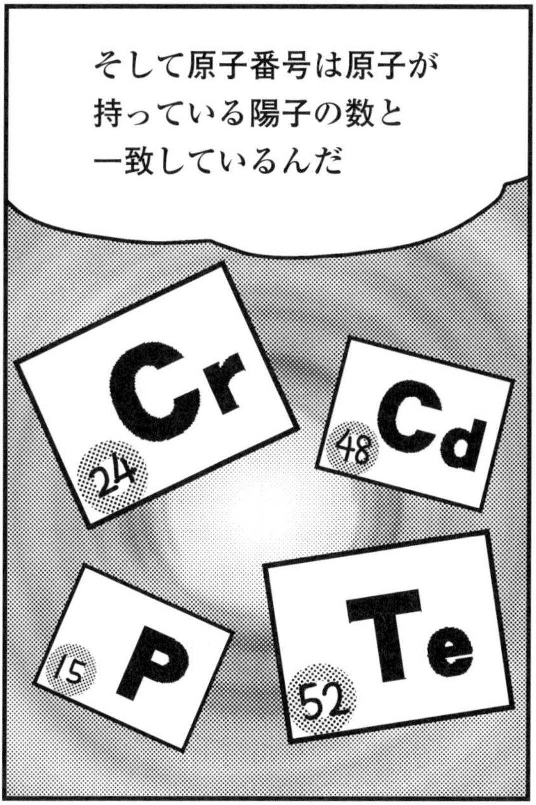

※M殻にはs軌道、p軌道に加えて5つのd軌道があり、そこには電子が10個入ることができるため18個になります。ただし、通常の有機化合物ではd軌道は結合に関係していません。

水素（H）はK殻に1個分
炭素（C）はL殻に4個分
H
C
K殻=定員2
L殻=定員8
水素
炭素
電子の入れる空きがあるってことさ
その電子の空き数がイコール…
C
H
あっ！ 手の数だ!!
さよう！ 電子が少ない不安定な状態だからこそ原子は結合し 新しいものを生み出すのだッ!!
がしっ!!
H
C
こ・れ・ぞ有機化学の神髄なり!!
さあて お次は『共有結合』についてー…
あのー…そろそろボク大学へ行く時間なんで
はー…はー…

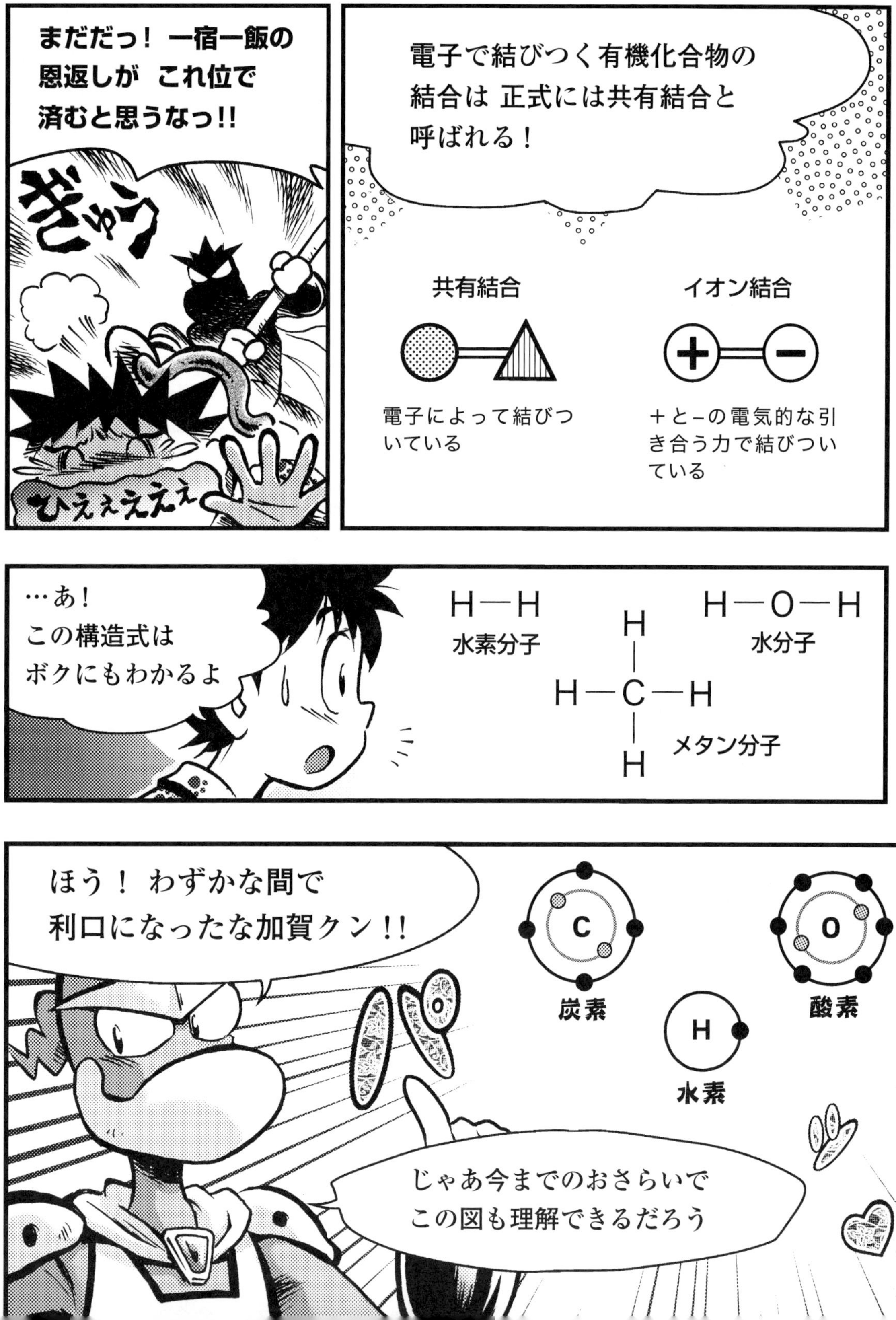

まだだっ！ 一宿一飯の恩返しが これ位で済むと思うなっ!!
ぎゅう
ひぇぇぇぇぇ
電子で結びつく有機化合物の結合は 正式には共有結合と呼ばれる！
共有結合
電子によって結びついている
イオン結合
＋と－の電気的な引き合う力で結びついている
…あ！ この構造式は ボクにもわかるよ
H—H
水素分子
H—O—H
水分子
メタン分子
ほう！ わずかな間で利口になったな加賀クン!!
C
炭素
O
酸素
H
水素
じゃあ今までのおさらいで この図も理解できるだろう

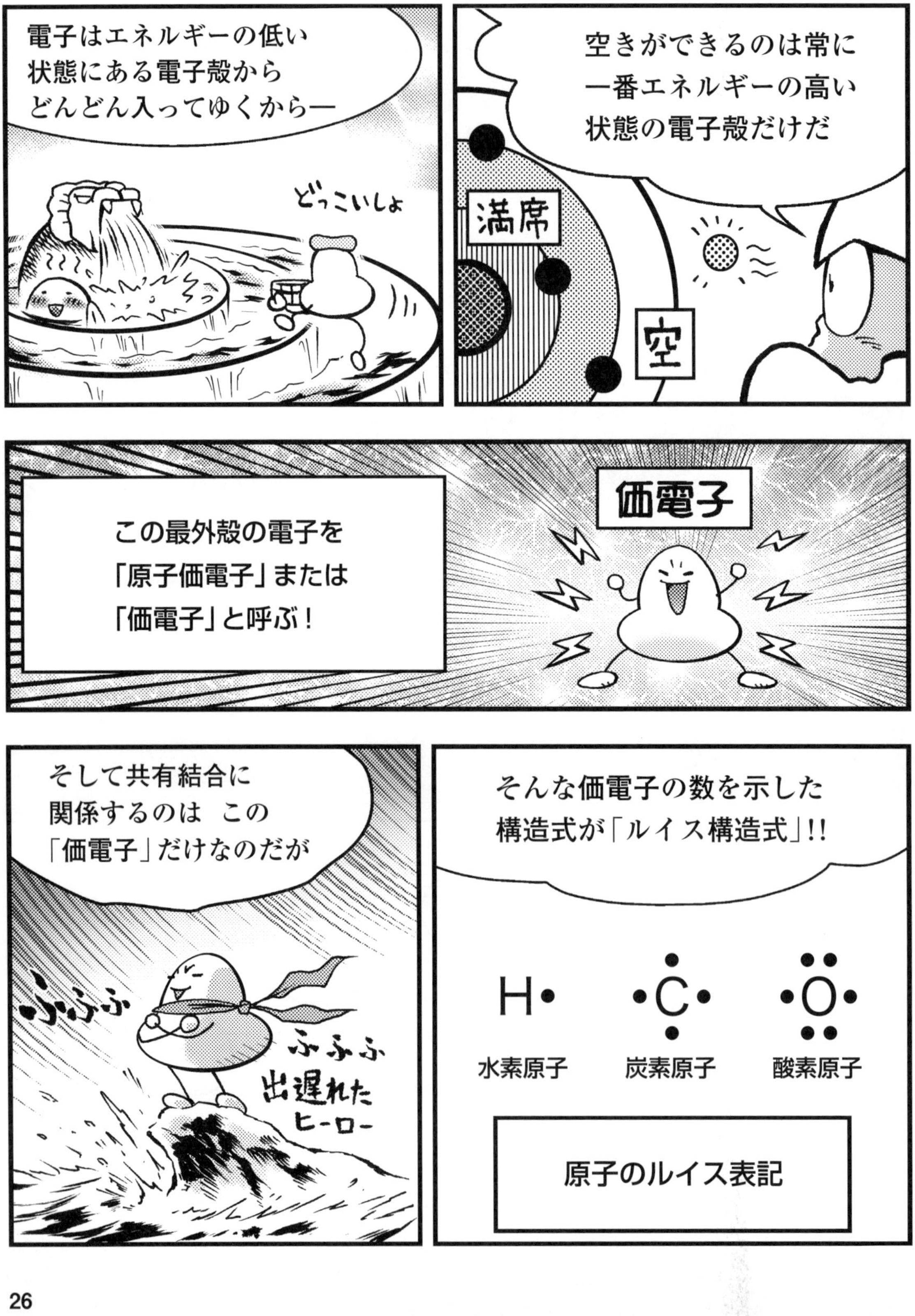

電子はエネルギーの低い状態にある電子殻からどんどん入ってゆくから—
どっこいしょ
空きができるのは常に一番エネルギーの高い状態の電子殻だけだ
満席
空
この最外殻の電子を「原子価電子」または「価電子」と呼ぶ！
価電子
そして共有結合に関係するのは　この「価電子」だけなのだが
ふふふ
ふふふ
出遅れたヒーロー
そんな価電子の数を示した構造式が「ルイス構造式」!!
H
C
O
水素原子
炭素原子
酸素原子
原子のルイス表記

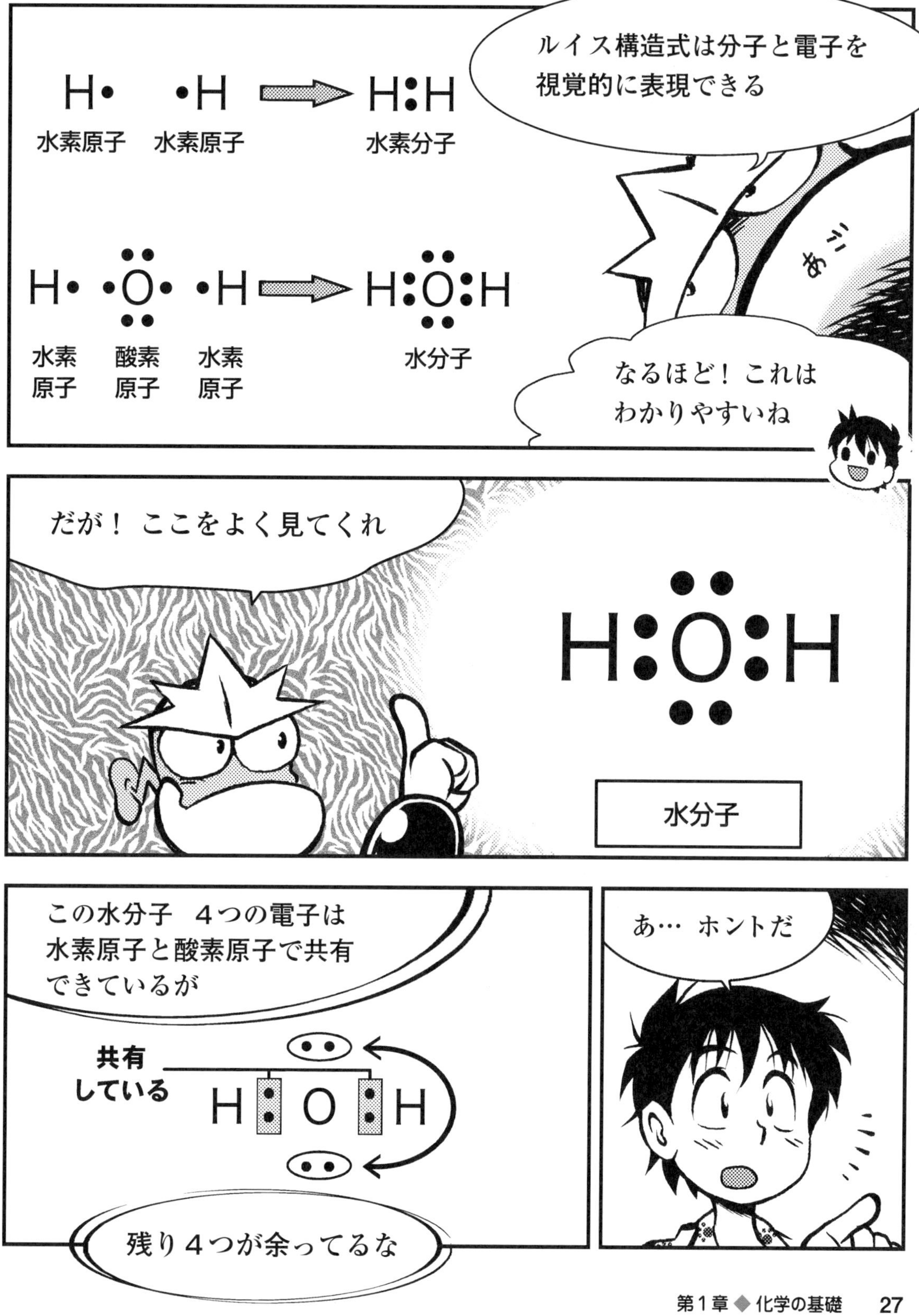

ルイス構造式は分子と電子を視覚的に表現できる
H• •H → H:H
水素原子
水素原子
水素分子
H• •Ö• •H → H:Ö:H
水素原子
酸素原子
水素原子
水分子
なるほど！ これはわかりやすいね
だが！ ここをよく見てくれ
H:Ö:H
水分子
あ… ホントだ
この水分子 4つの電子は水素原子と酸素原子で共有できているが
共有している
H O H
残り4つが余ってるな

むき
だし
これらは『非共有電子対』と呼ばれ
むき出しの形で
分子にくっついている
電子がむき出しだと
他の分子にも攻撃されやすい
えっ？
HEY! オイラと
反応しようぜ!!
この性質が有機化合物の
「酸塩基性※」や化学反応で
重要な役割を果たすのだがー…
ああ
時間が
…
へー…

ほれほれーっ！ むき出しは
キケンだぞーっと!!!
こちょ
こちょ
ぎゃーっ
はつはっはっはっ…!!!

…結局 これが
やりたかったのか
はー
はーー…

※ 第4章・第5章で詳しく解説。

…加賀クン キミは
なぜそこまで大学に
行きたがる？
ぐぐぐぐぐ…
かわいそうな宇宙人をこんな
タコ部屋に置き去りに
するなんてヒドイ！
私を
非共有電子対に
しないでっ!!
…タコ部屋で
悪かったね
そ…そりゃあボクは
学生だし
ノゾミさんと
会える唯一の
場所だし…ね
えーい やっぱり本音は
女の子目当てかっ！
あんなタンパク質の塊の
何が良い？
見よっ！
これこそが
真に宇宙で
最も美しい…

メタン分子だ
LOVE
ああ…この洗練された フォルム…優雅な佇《たたず》まい…
うっとり
どこがーっ!!
これが有機化合物にとって重要な炭素骨格の基本分子となるものだ!!
どうだ! 美しいだろう!!
構造式の１本の線で結ばれる共有結合を『単結合』というが
直通!
単結合どうしは形成する電子が−（マイナス）の電荷を持つため電気的に反発する!

その反発を避けるため　できるだけ
互いに離れようとしてバランスを
取ったのが　この牛乳パック型!!
炭素原子
H
H–C–H
H
牛乳
あれ?
どうだ!　実に美しい
この正四面体—…
うおぉおおお…
美しいのにな…
LOVE
じょーだんじゃないよっ!
タッ
タッ
あんな変○趣味に
付き合ってたら
本当に大遅刻だっ!!

フォローアップ

原子の構造

原子の構造は、水素原子以外は、＋の電荷を帯びた陽子と電荷を持たない中性子から構成されています。これを原子核といいます。基本的に＋の電荷を帯びた原子核と、そのまわりに存在している－の電荷を帯びた電子からできています。ヘリウム原子（He）を例に説明すると、陽子２個と中性子２個からその原子核はできています。

通常、原子核にある＋の電荷と電子の－の電荷とが等しく、原子としては電気的に中性になっています。しかし、このバランスが崩れると原子として＋の電荷を持ったり、－の電荷を持ったりします。これが、イオンといわれるものです。

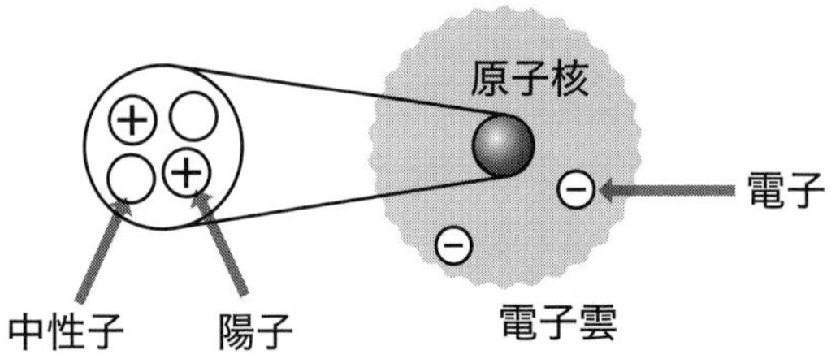

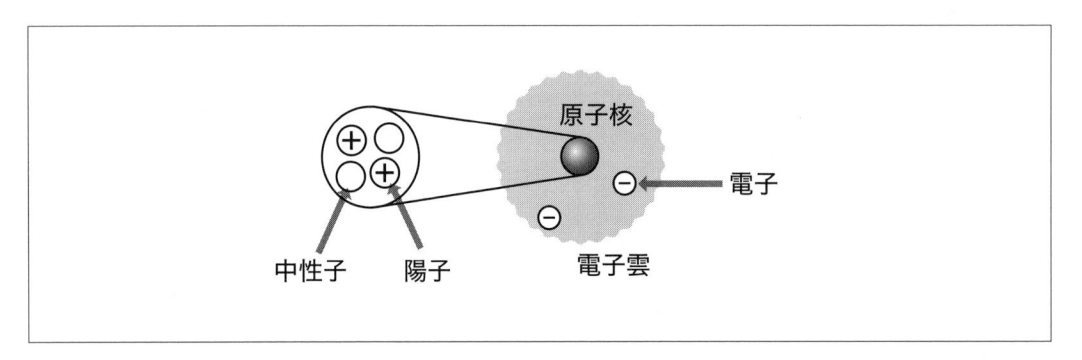

❖ 図 1.1　原子の構造（ヘリウム原子の場合）

ところで、図1.2のような原子核から一定の距離のところを電子が回っている構造をよく見かけます。いわゆるボーアモデルといわれるものです。

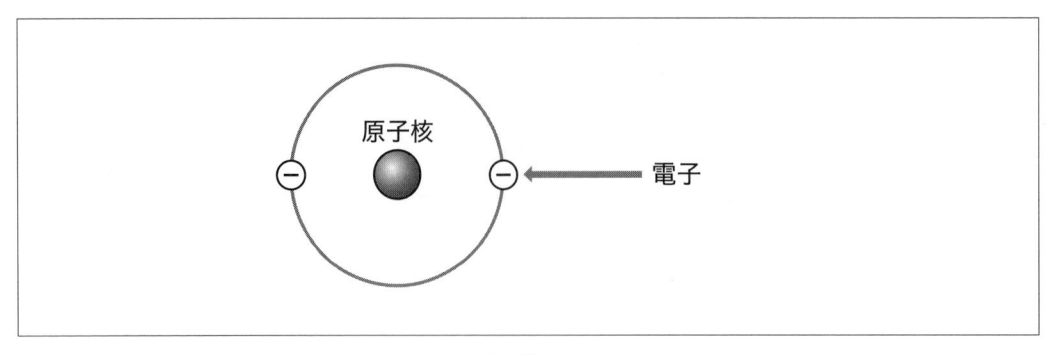

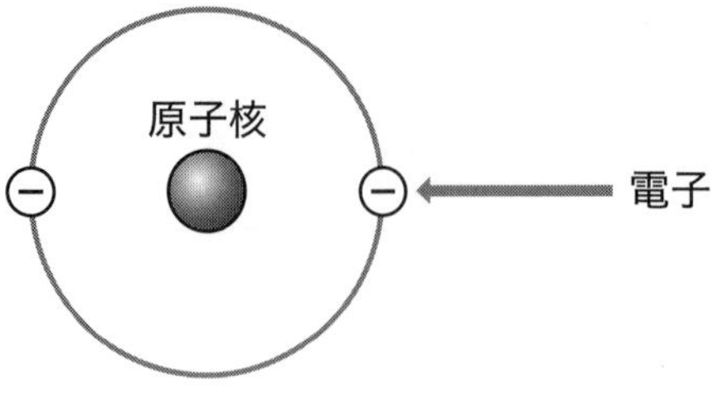

❖ 図 1.2　ボーアモデル

しかし、実はこれは間違っているのです。電子は原子核のまわりを太陽と惑星の関係のように回っているわけではありません。図1.1で示してあるように電子は原子からある距離のところに多く存在しています。「電子の存在確率が高い」といいます。これを電子雲と呼んでいます。ある距離というのは、ある一定のエネルギーを持った状態にいるということです。

ところで、有名な周期表と言われるものがあります。これは、元素の性質がある周期で変化していることを指しています。ドミトリ・メンデレーエフというロシアの研究者が1869年に発見したものです。有機化合物の分子の理解に必要な部分だけ（第３周期まで）を表1.1に示します。

❖ 表 1.1　元素の周期表の第３周期までの原子の陽子と電子の数

元素記号	元素名	陽子の数	電子の数
H	水素	1	1
He	ヘリウム	2	2
Li	リチウム	3	3
Be	ベリリウム	4	4
B	ホウ素	5	5
C	炭素	6	6
N	窒素	7	7
O	酸素	8	8
F	フッ素	9	9
Ne	ネオン	10	10
Na	ナトリウム	11	11
Mg	マグネシウム	12	12
Al	アルミニウム	13	13
Si	ケイ素	14	14
P	リン	15	15
S	硫黄	16	16
Cl	塩素	17	17
Ar	アルゴン	18	18

周期	1	2	13	14	15	16	17	18 族
1	$_{1}$H							$_{2}$He
2	$_{3}$Li	$_{4}$Be	$_{5}$B	$_{6}$C	$_{7}$N	$_{8}$O	$_{9}$F	$_{10}$Ne
3	$_{11}$Na	$_{12}$Mg	$_{13}$Al	$_{14}$Si	$_{15}$P	$_{16}$S	$_{17}$Cl	$_{18}$Ar

不活性ガス

❖ 図1.3　元素の周期表（第1周期から第3周期まで）

周期表が個々の原子の構造のどんなとこと結びついているのかについて理解することが、化学結合の理解にも結びつくのです。その上で、最も大切な元素が表1.1のグレー部分、図1.3なら一番右列にあるヘリウム（He）、ネオン（Ne）、アルゴン（Ar）元素です。いわゆる不活性ガス（または希ガス、貴ガス）と呼ばれているものです。他の原子と結合することがない、つまり分子を作りません※。その要因は、その原子が含んでいる電子の数にあります。有機分子の構造や化学反応では電子の数が大切になってきますが、なぜなのでしょうか、それは原子と原子を結びつけているのが電子だからなのです。表1.1をみるとグレー部分の不活性ガスの原子の持っている電子の数（電子配置）は、2、10、18と8個ずつ増えています。この8という数字が鍵なのです。次に、原子の構成要素の電子について考え、その数字の意味を説明しましょう。

※ 厳密には違うが、ここではこのように理解しておくことが有機化合物の分子の理解にとってわかりやすいのでこのように記述する。

軌道と電子配置

原子の構造で述べたように、電子は原子核からある一定のエネルギーを持った一定の空間に存在しています。その存在している空間をオービタル（軌道ともいう）といいます。軌道という名前から原子核のまわりの一定の軌道を電子が回っているような図1.2をイメージしてしまいますが、それでは間違いであることに注意してください。ところで表1.1にある原子の電子の数が増えていくというのはどういうことでしょうか。原子の電子の数が増えていくには、その電子が入るためのオービタルが必要なことは容易に想像できると思います。そのオービタルは以下の2つの要素で規定されています。

まず、電子が入ることのできる原子のオービタルのエネルギーは、連続的ではなく一定のエネルギーのものがいくつかある不連続なものです。ビルの1階、2階、3階のように一番低いエネルギーの状態からK殻、L殻、M殻と呼んでいます。ただし、ビルの1階から2階へ階段でいくのではなくて、一気に飛んで行くようなイメージです。1階と2階の間には

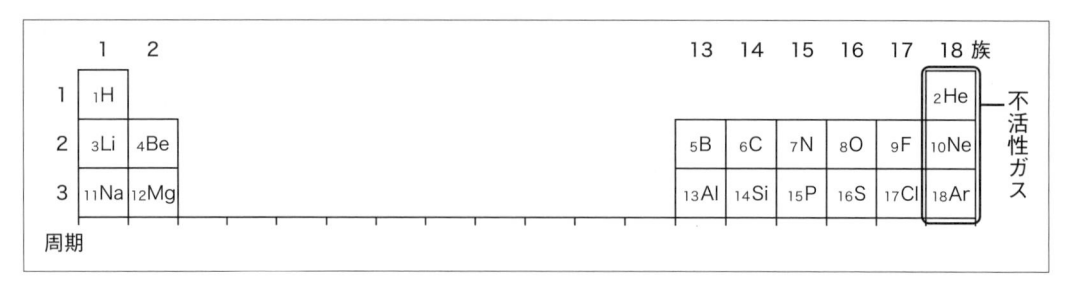

階段のように連続的につながっていません。また、エネルギー以外でオービタルにはもう1つ重要な要素があります。それはオービタルの形、つまり電子が存在している領域の形です。この形は2種類あります。1つはs軌道と呼ばれるもので、図1.4のように原子核を中心に球状に広がっています。球状なので方向性がありません。もう1つはp軌道と呼ばれるもので互いに直交するx, y, zの3つの方向に広がった図1.5のような形をしています。つまり、このp軌道には方向性があります。s軌道に方向性がないのとは対照的です。

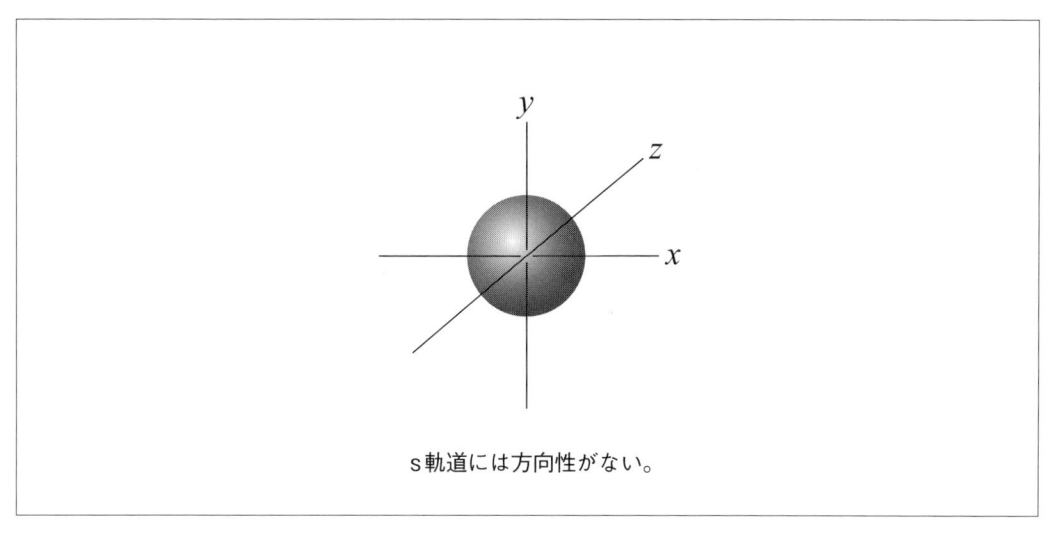

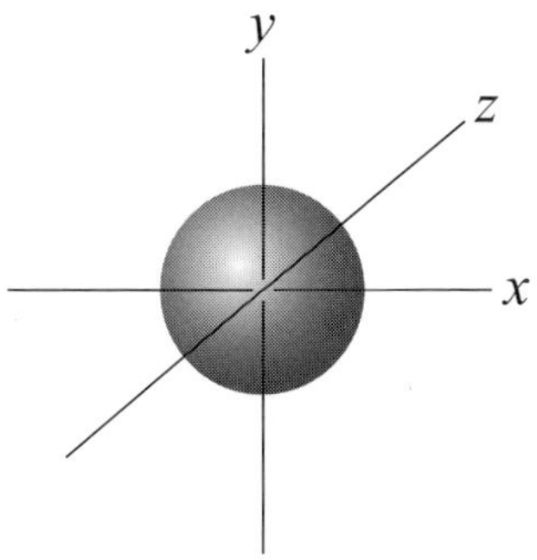

s軌道には方向性がない。

❖ 図 1.4　s軌道の形と広がり

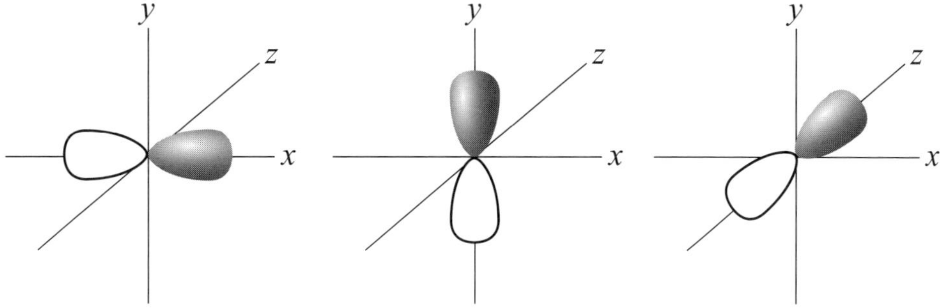

p軌道には方向性がある。

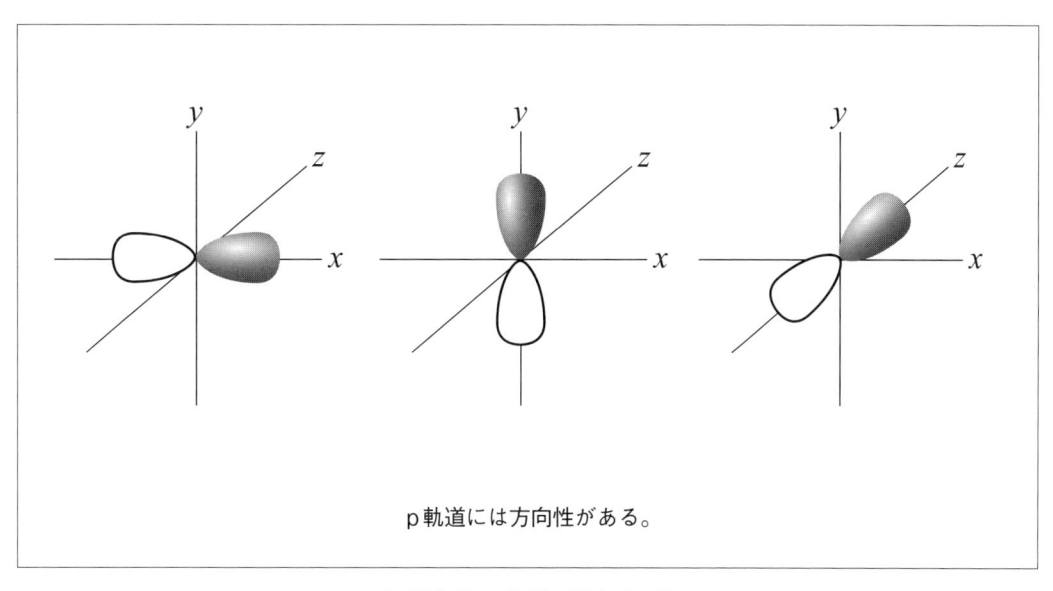

❖ 図 1.5　p軌道の形と広がり

これらの２つの要素を併せ持った性質のオービタルが原子に存在します。エネルギーの一番低いＫ殻にはs軌道のものしかなく、1s（1はＫ殻のことを意味する）と表現します。その次のエネルギーのＬ殻には2s, 2p（２はＬ殻のことを意味する）の2種類があります。p軌道にはx, y, zの３つの方向に広がったオービタルが存在しますので、それも考慮して、2s, $2p_x$, $2p_y$, $2p_z$の４種類のオービタルが存在することになります。ただし、2sに比べて2pの方が少しだけエネルギーが高くなっています。これらのオービタルに電子が入って原子が作られるのですが、どのオービタルに入っていくかというとエネルギーの低いところから順番に入っていきます。つまり、1s, 2s, 2p（$2p_x$, $2p_y$, $2p_z$）の順番です。１階から順番に電子という住人が入っていくということです。

	エネルギー	電子殻	オービタルの種類（部屋の種類）		
３階	高い ↓ 低い	Ｍ殻	3s	3p（$3p_x$, $3p_y$, $3p_z$）	3d（5種類）
２階		Ｌ殻	2s	2p（$2p_x$, $2p_y$, $2p_z$）	
１階		Ｋ殻	1s		

１階には1sという部屋が1つだけしかありませんが、２階には４つ部屋があります。ただし、そのうちの３つの部屋は少し高いところにあるといったところでしょうか。同じように３階（Ｍ殻に相当する）にも3s, $3p_x$, $3p_y$, $3p_z$の４つの部屋（つまりオービタル）が存在します。こうしてオービタルに電子が入っていきますが、このとき新しいルールが存在します。パウリの排他原理といわれるものです。部屋に入るときは最大２つまでということです。ただし２つ入るときは、そのスピンという状態がお互いに異なっているものどうしである必要があります。スピン（電子スピンという）は、電子の回転する性質で、回転の方向性の違いで２種類あります。したがって、１つの部屋に回転の方向性の違うものが２つ入ることになります。これを、対を作るといいます。このようにして順番に電子が入って原子が作られていきます。ただし、p軌道では３種類のエネルギーの同じ状態があります。このときはいきなり対を作ることはなく、まず１つずつ別の部屋に入り、すべての部屋に１つずつ入った後、初めて対を作るように２つ目の電子が入っていきます。このルールをフントの規則といいます。以上のルールで各原子の電子配置を表1.2にまとめてみました。

❖ 表 1.2　元素の周期表の第3周期までの原子と電子配置

			K殻	L殻				M殻			
			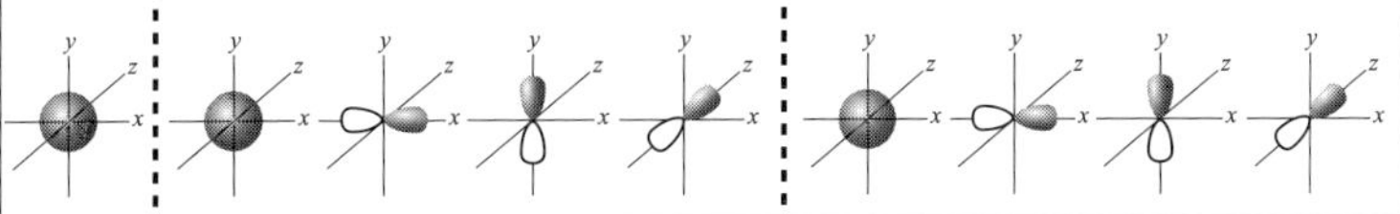								
原子番号	元素記号	元素名	1s	2s	$2p_x$	$2p_y$	$2p_z$	3s	$3p_x$	$3p_y$	$3p_z$
1	H	水素	1								
2	He	ヘリウム	2								
3	Li	リチウム	2	1							
4	Be	ベリリウム	2	2							
5	B	ホウ素	2	2	1						
6	C	炭素	2	2	1	1					
7	N	窒素	2	2	1	1	1				
8	O	酸素	2	2	2	1	1				
9	F	フッ素	2	2	2	2	1				
10	Ne	ネオン	2	2	2	2	2				
11	Na	ナトリウム	2	2	2	2	2	1			
12	Mg	マグネシウム	2	2	2	2	2	2			
13	Al	アルミニウム	2	2	2	2	2	2	1		
14	Si	ケイ素	2	2	2	2	2	2	1	1	
15	P	リン	2	2	2	2	2	2	1	1	1
16	S	硫黄	2	2	2	2	2	2	2	1	1
17	Cl	塩素	2	2	2	2	2	2	2	2	
18	Ar	アルゴン	2	2	2	2	2	2	2	2	2

最大で2個まで　　最大で8個まで　　最大で8個まで

この表1.2からわかるように、K殻には電子2個、L殻とM殻にはそれぞれ電子が8個しか入りません※。次に、この原子の電子配置と化学結合とが、どうつながっているのかについて説明します。

※M殻にはさらに5つのd軌道と呼ばれるオービタルがある。それぞれのd軌道に2個電子が入るため（10個）、s軌道, p軌道に入る電子8個とあわせて全部で18個。通常の有機化合物ではd軌道は結合に関係していないため、ここでは省略する。

sp^3混成軌道と単結合

水素分子では、図1.6のように1s軌道どうしの重なりによって水素分子が作られます。この重なりがあることがすなわち共有結合の形成になります。s軌道は球状であるため、もう1つの原子の軌道との重なりはどの方向からでも等しくなります。しかし、すでに述べたとおりp軌道にはx,y,zと方向性があります。軌道の広がりがある方向からの軌道の重なりが最も有効な重なりになります。したがって、結合ができる方向が決まり、それが分子の立体的形につながります。これまで共有結合形成については、分子の立体構造はまったく考慮していませんでしたが、分子は3次元的な広がりを持っているものです。この分子の立体構造は何によって決められているのでしょうか。基本的には原子の軌道の重なりの方向性によって決まるのです。

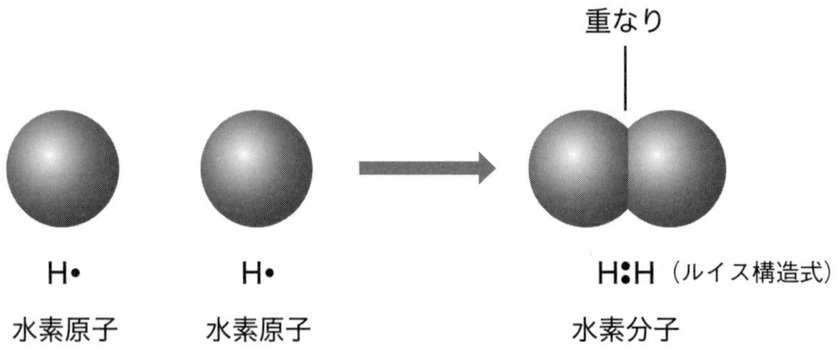

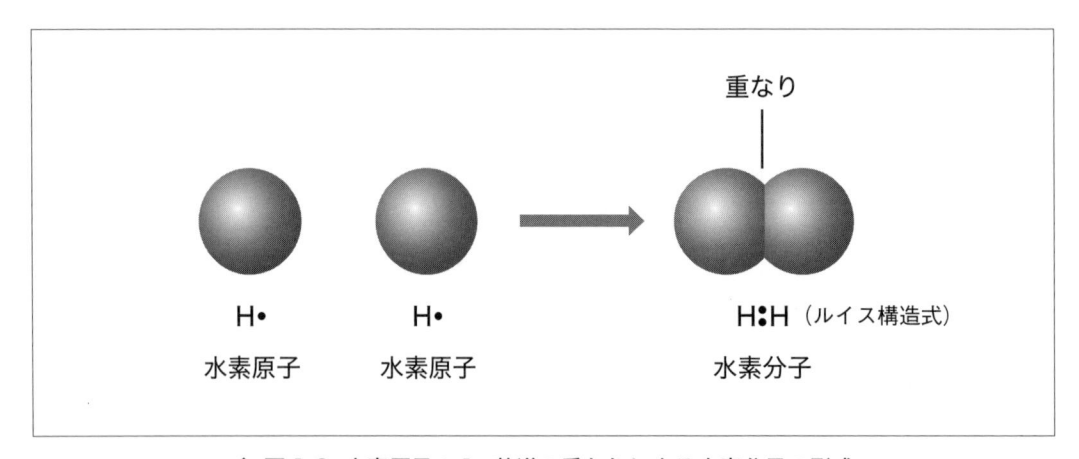

❖ 図1.6　水素原子の1s軌道の重なりによる水素分子の形成

炭素原子のL殻にはs軌道とp軌道の２つがあります。これらの軌道を使って化学結合が形成されます。炭素原子が他の原子と結合を形成するとき、その結合形成に関与していると考えられる軌道は、表1.2からL殻の2p軌道と考えられます。したがって、メタン分子の炭素と水素の結合はp軌道の電子の存在分布の方向性から考えて、お互いに直交していると推定されます。

しかし、実際のメタン分子は、正四面体構造をしています。つまり、炭素原子は等価な４つの手を持っているのです。炭素原子から４つの等価な方向に軌道が広がっていることになります。このような軌道を説明するため、L殻の2s軌道と３つの2p軌道すべてから新たに４つの等価な軌道が生成し、その軌道を用いて共有結合が形成されるという考え方をします。これらの軌道をsp^3混成軌道といいます（図1.7）。この場合に形成される結合は、単結合と呼ばれます。

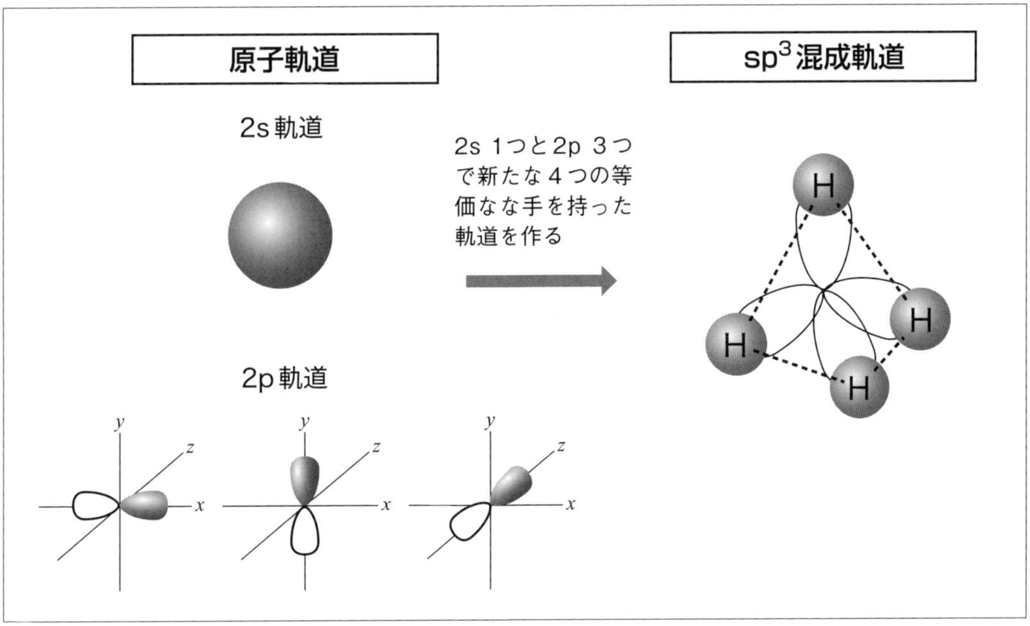

❖ 図 1.7　2s 軌道と 2p 軌道の sp^3 混成軌道の生成

ピンとこないかもしれませんが、原子の世界は非常に小さな世界です。原子の種類によって違いますが大体半径10^{-10}mの大きさです。よく自分たちの世界に置き換えて考えようとすることがありますが、原子の世界を宇宙の世界、自分たちの常識と同じようなルールで考える方が、無理があるとは思いませんか。自分の世界の常識に当てはめて考えるのは、科学の世界ではしてはいけないことです。自然が語っていることを素直に受けとめる、人間が持っている考えなど、自然から見たらちっぽけなものです。したがって、科学を理解するということは新しい考え方（概念）を理解すること、そして生み出すことにあります。このようにして、本書でこれから出てくる考え方も自分たちの世界の常識と同じレベルで考えるのではなく有機化学の世界の常識だととらえれば少しはわかりやすくなると思います。

コラム

料理は有機化学の実験

人々の生活において有機化合物は、欠かせないものです。身のまわりを見てください。私たちの生活をいかに有機化合物が支えていることでしょうか。身近なところでいうと料理は有機化学の実験をしているようなものです。例えばパンを作る場面を取り上げて説明しましょう。パン作りに必要な材料は、小麦粉、イースト（酵母）、砂糖、塩、水…等々。手順はというと、初めに小麦粉とイーストと水と…を混ぜて、水などを入れて混ぜていると、だんだんとおもちみたいになり、引っ張るとのびるようになっていきます。

これらの材料の持つ特徴で、もし砂に水を混ぜてこねても、同じようにはなりません。次に36℃ぐらいの温度にしておくと膨らんでくる、とパン作りのレシピには書いてあります。これは、イーストという微生物の細胞内の酵素（生体の中での化学反応を円滑に進めるための触媒）の働きで「発酵」という化学反応が起こったのです。酵素はタンパク質でできているため、適度な湿気と36℃という適切な温度を必要とします。出発物である原料にさまざまなもの（化学実験でいえば、試薬など）を加えて、さまざまな操作を加え、温度をコントロールして望みの方向に反応を制御していきます。その制御がうまくいくと、反応がきれいに進行して、素晴らしい結果に結びつく、つまりおいしいパンができあがることになります。

ここでまとめてみましょう。化学反応の主役は小麦粉です。この小麦粉は、主にグルコースという物質がたくさん結びついたもので、デンプンといわれているものです。それに、アミノ酸という物質がたくさん結びついてできているタンパク質も入っています。他にもいろんな物質が使われています。また、すでに述べたように酵素もタンパク質でできています。グルコースやタンパク質は「有機化合物」といわれる化学物質です。つまり、料理が上手であるということは、有機化学実験がうまいということにほかなりません。

第2章

有機化学の基礎

2.1　有機化合物の性質の源（官能基）

であるからして $CH_3(CH_2)_{14}CO_2H$ が $HO_2C-CH_2-CH_2-\cdots$
$CH_3(CH_2)_{14}CO_2H$
むずかしい有機化学
はあ～はりきって大学に来てみたけど相変わらず何もわかんないや…
まァ　ボクが大学に来てる主な目的は別なんだけど…
ちらっ
嗚呼　愛しの
ノゾミ
さんっ!!

ん〜今日も
輝いてるなァ
ほう
あの娘が
そりゃなんたって
ミス大学…
ふむ
そこそこ質のよい
有機生命体では あるな
ユ…ユウキマン！
何で大学にー
フフフ…
いったろ？
私は寂しいと
死んでしまう
のでな
それに…何だよ
その思いっきり
ズレまくった
スタイルは
ん〜
コレか？
いや私の調査によれば
地球の大学生は
これが最新トレンドだと—
それ
何十年前の
情報だよ！
うるさいな〜…

——まあいい ついでに ここでも有機化学のレクチャーを続けよう
え？
あの教授の授業では役に立たんと 真っ白なノートが物語ってるからな
ううっ… 否定できない
では加賀クン キミは『官能基』って聞いたことがあるか？
バッ… バカっ！ こんな所でいきなり下ネタなんて…
ダン!!
えーい 何を妙なカン違いしとるかっ！
官能基とは有機分子の性質に大きな役割を果たす原子または原子団のことだ！

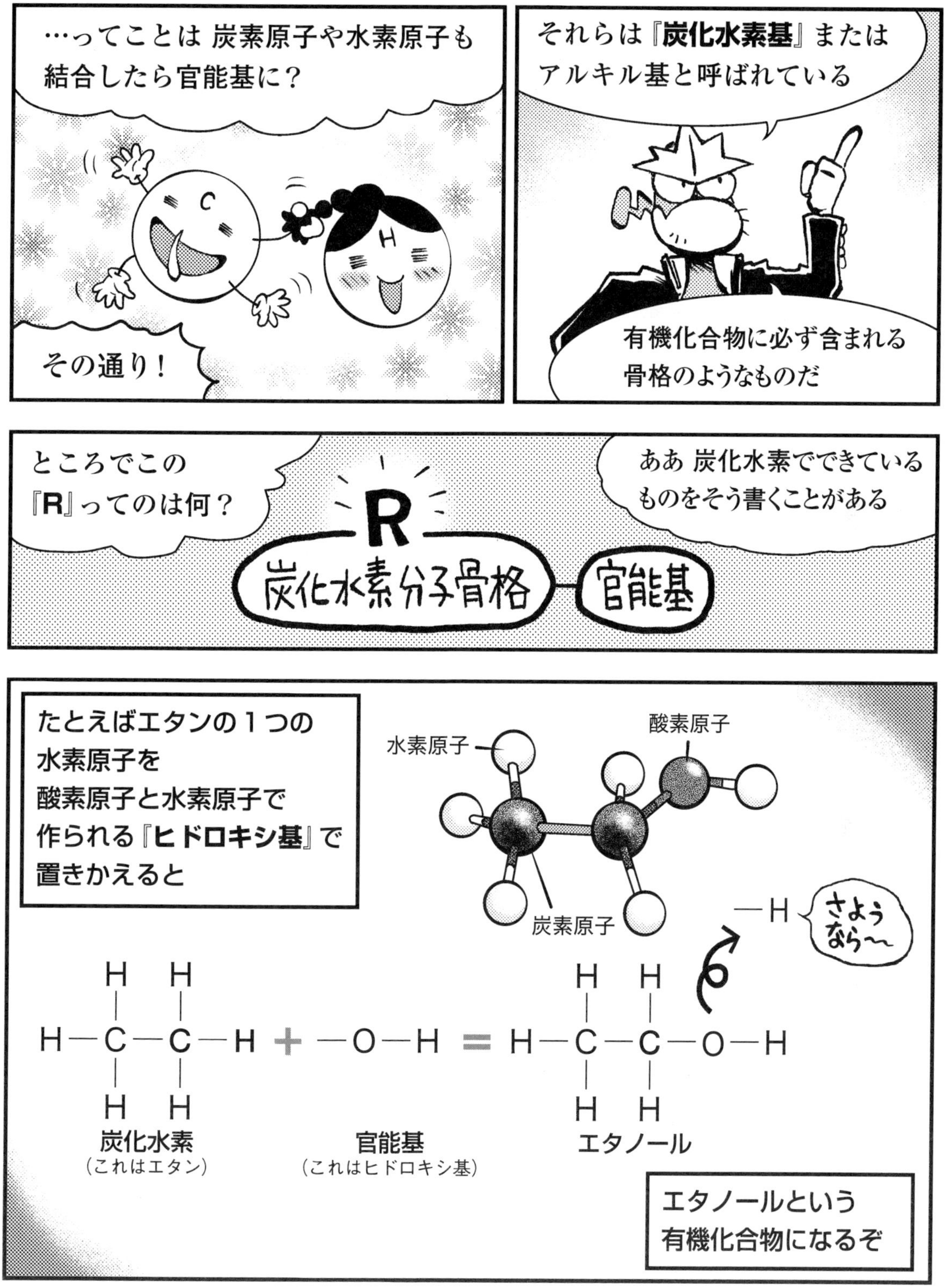
…ってことは 炭素原子や水素原子も
結合したら官能基に？
C
H
その通り！
それらは『炭化水素基』または
アルキル基と呼ばれている
有機化合物に必ず含まれる
骨格のようなものだ
ところでこの
『R』ってのは何？
R
炭化水素分子骨格
官能基
ああ 炭化水素でできている
ものをそう書くことがある
たとえばエタンの１つの
水素原子を
酸素原子と水素原子で
作られる『ヒドロキシ基』で
置きかえると
水素原子
酸素原子
炭素原子
—H
さようなら〜
H—C—C—H ＋ —O—H ＝ H—C—C—O—H
炭化水素
（これはエタン）
官能基
（これはヒドロキシ基）
エタノール
エタノールという
有機化合物になるぞ

官能基はヒドロキシ基以外にも
たくさんあるぞ！
これが代表的な官能基だ!!

官能基名		官能基構造	有機化合物名
炭化水素基		−C−C−	アルカン
		C＝C	アルケン
		−C≡C−	アルキン
ヒドロキシ基		−C−O−H	アルコール
		Ar−O−H（Ar＝芳香環）	フェノール
エーテル結合		−C−O−C−	エーテル
カルボニル基 C＝O	ホルミル基	−C(=O)−H	アルデヒド
	カルボキシ基	−C(=O)−O−H	カルボン酸
	エステル結合	−C(=O)−O−R（R＝アルキル基）	エステル
アミノ基		−C−N(R)(R′)（R＝Hまたはアルキル基）	アミン

Ar：ベンゼンおよびその置換体のことを示す特別の安定性を持っている。

へえ～
いろんな
つながりが
あるんだね

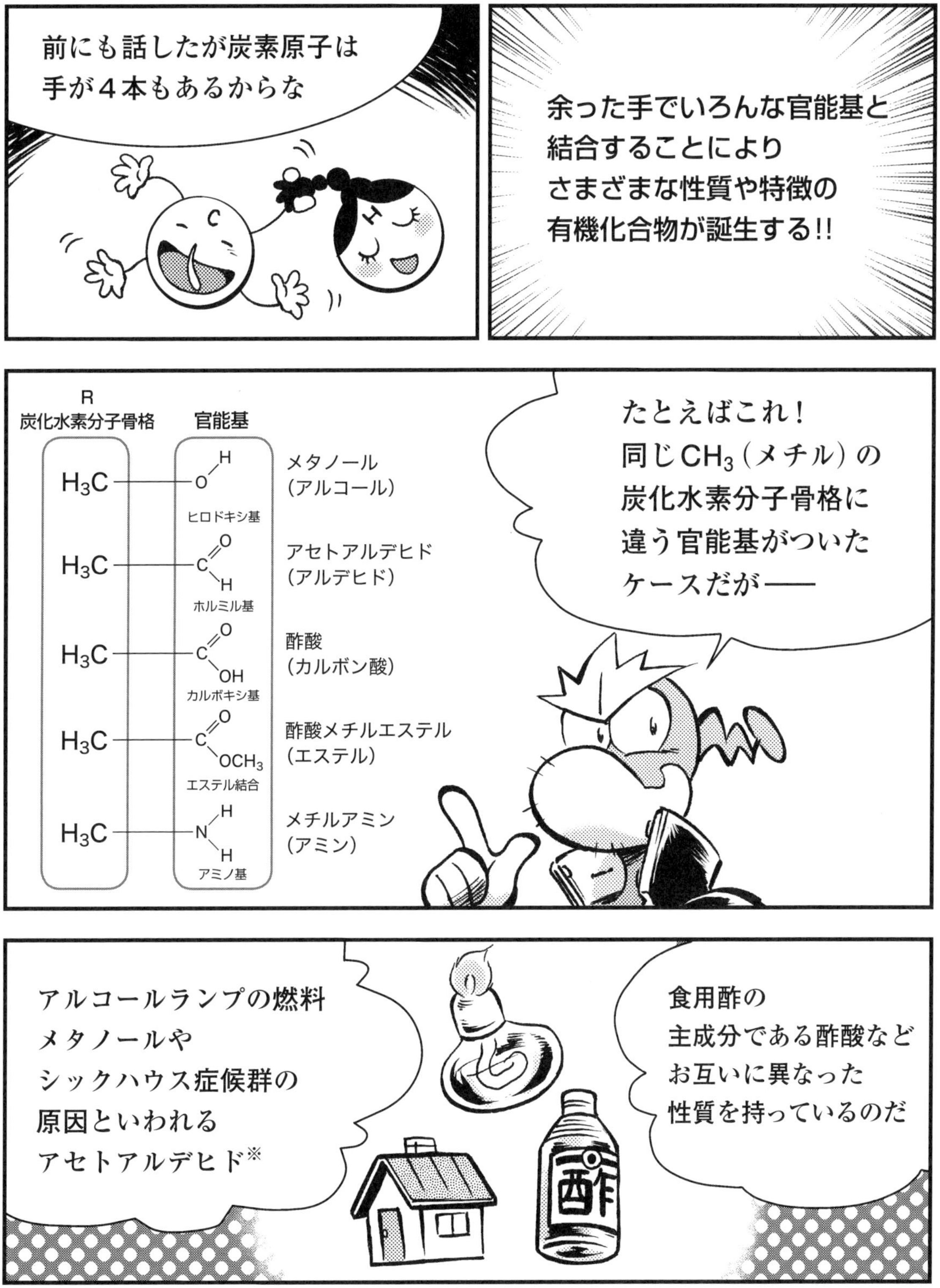
前にも話したが炭素原子は
手が４本もあるからな
C
H
余った手でいろんな官能基と
結合することにより
さまざまな性質や特徴の
有機化合物が誕生する!!
R
炭化水素分子骨格
官能基
H_3C—O—H
ヒロドキシ基
メタノール
(アルコール)
H_3C—C(=O)—H
ホルミル基
アセトアルデヒド
(アルデヒド)
H_3C—C(=O)—OH
カルボキシ基
酢酸
(カルボン酸)
H_3C—C(=O)—OCH_3
エステル結合
酢酸メチルエステル
(エステル)
H_3C—N(H)—H
アミノ基
メチルアミン
(アミン)
たとえばこれ!
同じCH_3(メチル)の
炭化水素分子骨格に
違う官能基がついた
ケースだが——
アルコールランプの燃料
メタノールや
シックハウス症候群の
原因といわれる
アセトアルデヒド※
食用酢の
主成分である酢酸など
お互いに異なった
性質を持っているのだ
酢

※ ホルムアルデヒドHCHOがよく知られているが、この化合物も原因成分の１つ。

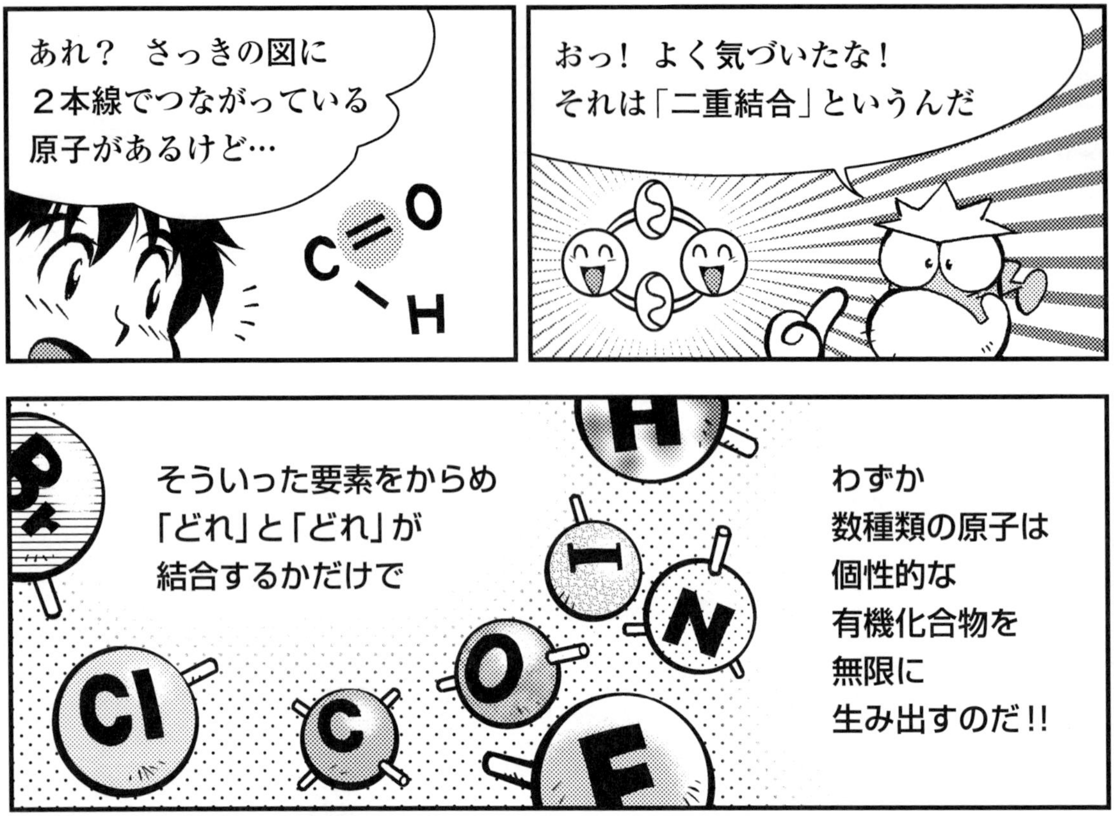
あれ？　さっきの図に
２本線でつながっている
原子があるけど…
C
O
H
おっ！　よく気づいたな！
それは「二重結合」というんだ
そういった要素をからめ
「どれ」と「どれ」が
結合するかだけで
わずか
数種類の原子は
個性的な
有機化合物を
無限に
生み出すのだ!!
H
I
N
O
Cl
C
F

2.2 有機化合物の名前のつけ方

無限の
結合か…
言葉はすごいけど
それって
よく考えたら
「覚えきれない」
ってことなん
だよね
なーんだ
それなら
心配ないぞ
加賀クン！

International Union of Pure and Applied Chemistry
(略して IUPAC《アーユーパック》)
――という機関があるからね！
何それ…宇宙世紀とかプロレス団体？
さてはキミ英語もダメだな！
「国際純正・応用化学連合」という国際学術機関の名前だよ
『IUPAC命名法』という有機化合物も含めたすべての化合物の名前のつけ方をルール化してるのさ
どんな官能基が炭化水素分子骨格の場所にくっついているかを示す。
有機分子
炭化水素分子骨格
官能基
炭化水素分子骨格がいくつかの炭素原子からできていて、それらの炭素原子が相互にどのように結びついているのかを示す。
だがそのルールを理解するには分子の構造についての知識が必要になる
なんだ やっぱり難しいこと覚えるんだ

いや そこまで
心配することはない！
要は「段取り」を
学ぶだけだ
まずは さっきの表の
有機分子の骨格である
炭化水素分子の方を——
H3C
アルカン

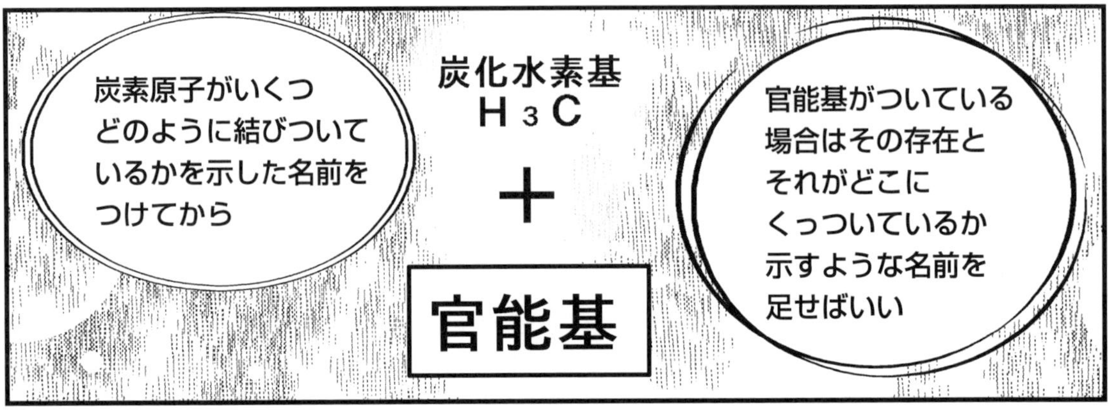
炭素原子がいくつ
どのように結びついて
いるかを示した名前を
つけてから
炭化水素基
H3C
＋
官能基
官能基がついている
場合はその存在と
それがどこに
くっついているか
示すような名前を
足せばいい

——とりあえず
具体的に
やってみるか

炭素原子の数

1	メタ (metha)
2	エタ (etha)
3	プロパ (propa)
4	ブタ (buta)
5	ペンタ (penta)
6	ヘキサ (hexa)
7	ヘプタ (hepta)
8	オクタ (octa)
9	ノナ (nona)
10	デカ (deca)

まず、
炭化水素分子骨格
に含まれる
炭素原子の数
を調べ

つぎに、
その数ごとに
決められた名を
有機化合物の
頭につける

たとえばヘキサンは炭素の数が
６個だから『**ヘキサ**（hexa）』となり

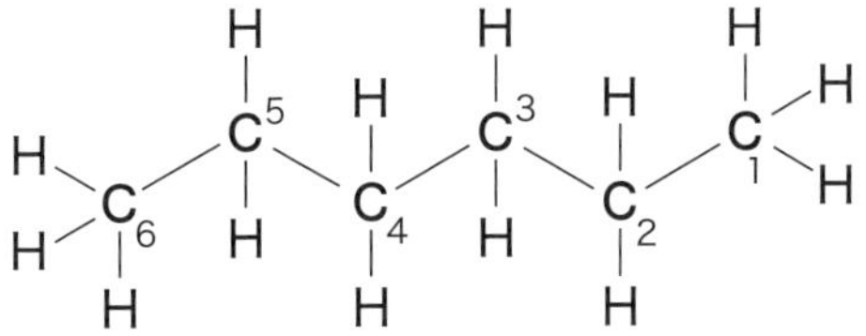

ヘキサ（hexa）〔炭素の数〕 ＋ ン（ne）〔炭化水素〕 ➡ ヘキサン（hexane）〔IUPAC名〕

そのあとに炭化水素※を示す
『**ン**（ne）』をつけて『**ヘキサン**
（hexane）』と命名されたんだ

※厳密には飽和炭化水素。

ただエタノールの場合は
ひと手間あってな

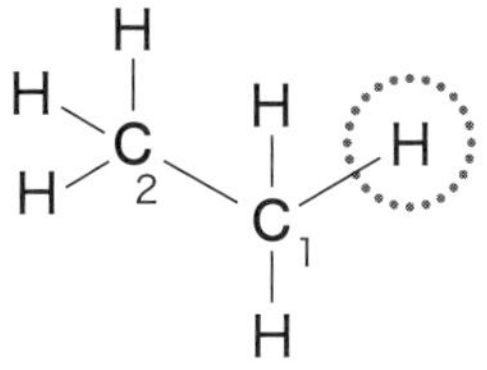

エタン（ethane）
↓ 分ける
エタ（etha）＋ン（ne）

まず 左の流れで
『**エタン**（ethane）』とつけたあと

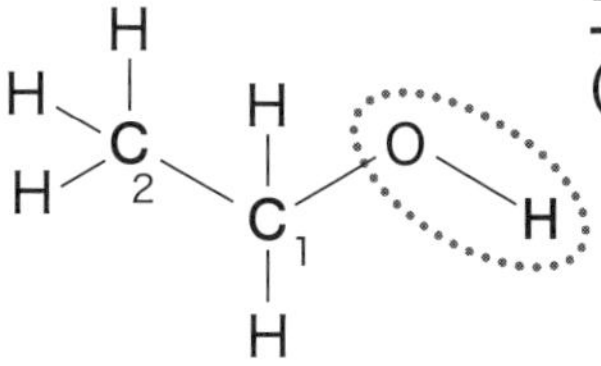

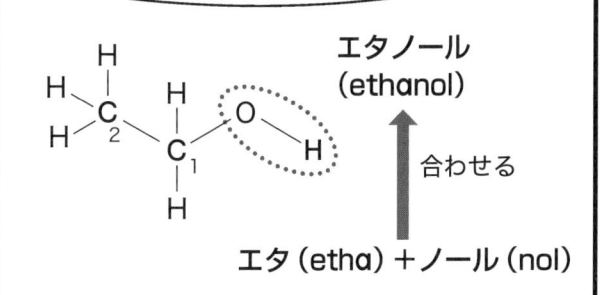

エタノール
（ethanol）
↑ 合わせる
エタ（etha）＋ノール（nol）

炭化水素を表す『**ン**（ne）』だけを
アルコールを表す『**ノール**（nol）』に
置き換えたのだ

——とまあ 以上が
有機化合物命名法の
基本だ
むー…
しかし これだけのことを
記憶するのは大変だなぁ…
さて続いては——
な…なに
まだ覚えることあるのー？
いや！ あと
ちょっとだから
ホントに!!
この辺は理屈で
ゴチャゴチャ考えるより
素直に「覚える」方が
理解しやすいからな
ん〜…
そういう ことなら
周期表の17族をハロゲンといい
『ハロゲン化炭化水素』なども
別な方法で名前をつける

		接頭語
F	フッ素	フルオロ（fluoro）
Cl	塩素	クロロ（chloro）
Br	臭素	ブロモ（Bromo）
I	ヨウ素	ヨード（iodo）

まずはこれまでのように
炭化水素分子骨格に名前をつけ…

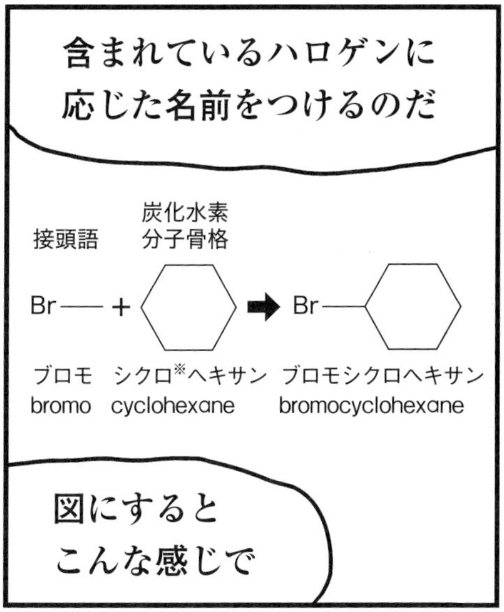

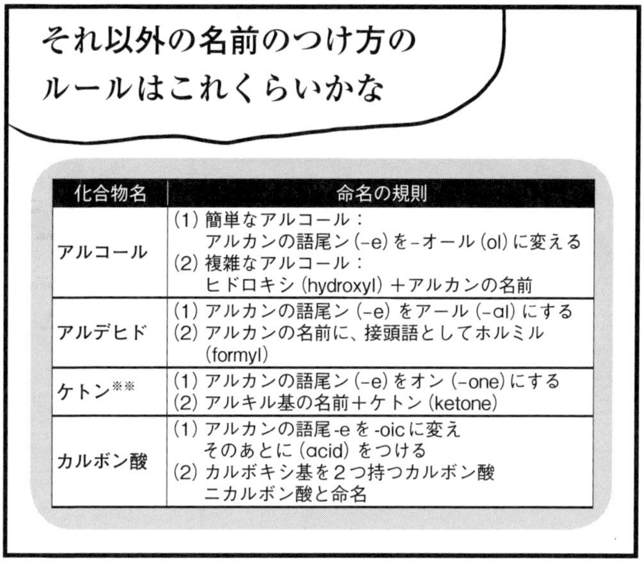

化合物名	命名の規則
アルコール	(1) 簡単なアルコール： アルカンの語尾ン(-e)を-オール(ol)に変える (2) 複雑なアルコール： ヒドロキシ(hydroxyl)＋アルカンの名前
アルデヒド	(1) アルカンの語尾ン(-e)をアール(-al)にする (2) アルカンの名前に、接頭語としてホルミル (formyl)
ケトン※※	(1) アルカンの語尾ン(-e)をオン(-one)にする (2) アルキル基の名前＋ケトン(ketone)
カルボン酸	(1) アルカンの語尾-eを-oicに変え そのあとに(acid)をつける (2) カルボキシ基を2つ持つカルボン酸 ニカルボン酸と命名

※ シクロ(cyclo)は環状を表す接頭語。
※※ 第4章129ページ参照。

えっ…坂崎くん？
バタッ
おー　よしよし
よくやったぞ！
ぴょん
いやー
キミの勉強の
邪魔にならん
ようにと
あ〜っ!!
炭素原子クンに
命じてクラス全員
黙らせといたんだ
うわーっ
ノゾミさんまで…
あー薬で眠ってる
だけだから心配ない！
さあ！ 皆の犠牲を「無」にしない
ためにも あとひと踏んばり
がんばろうじゃないか!!

さて最後のお題は
官能基が炭化水素分子骨格
の「どこにくっつくか」だ！
実はそれらの結合場所は
分子によって違ったりするんだが
H
C
↖1つ目
↖2つ目
↖3つ目
↖4つ目
↖5つ目
どこに
くっつこうかなー
それをちゃんと区別するために
炭素鎖に番号を振って
官能基の『**位置番号**』を決め
5 4 3 2 1
$CH_3CH_2CH_2CH_2CH_2$
OH
1つ目…・ ペンタノール
5 4 3 2 1
$CH_3CH_2CH_2CHCH_3$
OH
2つ目… 2-ペンタノール
官能基のついた位置番号がずれた
有機化合物については
その番号込みの名前にするのだ
ただ位置番号には官能基の
位置を示す番号が小さく
なるようにという決まりがある
そっか…だから右から
1、2、3になってるんだね
こう間違えやすいので
気をつけるようにな！
1 2 3 4 5
$CH_3CH_2CH_2CHCH_3$
OH

どうだ加賀くん！ これで
キミも有機化学の基本ルールを
マスターできただろう!!
わっは
はっ
うん！ ボク
わかった気に
なってきたよ!!
！
気がつけば皆
寝とるし…
お前ら２人は
バカ騒ぎ
しとるし…
しまったーっ！
教授の存在を忘れて
いたのだっ!!
そんなにワシの授業が
退屈かーっ!!!
□※☀§
ドカ!!
出てけーっ!!

フォローアップ

二重結合と三重結合

炭素原子と炭素原子の結びつき方には3通りあります。1本の手で結ばれた単結合、2本の手で結ばれた二重結合、そして3本の手で結ばれた三重結合です。図2.1に代表的な化合物を示しました。単結合のエタンの炭素原子は三次元方向に等価に伸びた結合を持っています。エチレンの炭素原子は平面に広がっている3つの等価な結合を持っています。また、アセチレンの炭素原子は直線状の2つの結合を持っています。これら3種類の結合がどのように違っているのでしょうか。水素を添加する反応によってこれらの炭素−炭素結合の違いを明確に知ることができます。

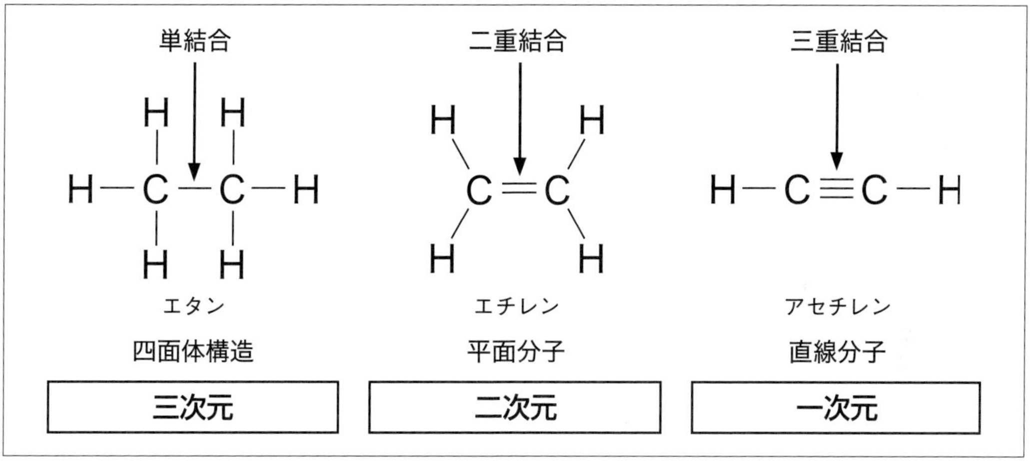

❖ 図2.1　単結合、二重結合、三重結合を有する分子の立体構造

図2.2にアセチレンからエタンへの水素添加による変化を示します。詳しくは第5章の有機化合物の反応で説明しますが、エタンにさらに水素を添加しても何の変化も起こしません。エチレンの炭素−炭素の2本の結合のうち、1本はエタンの単結合（σ結合）と同じですが、もう1つの結合は水素と反応（付加反応）する性質を持っており、エタンの結合とは異なっています。この結合のことを、π結合といいます。さらに、図2.2の反応の様子から、アセチレンの炭素−炭素三重結合のうち、1本はσ結合であり、残りの2本はπ結合になっていることがわかります。なお、これらの分子における炭素原子と水素原子の結合はすべてσ結合です。

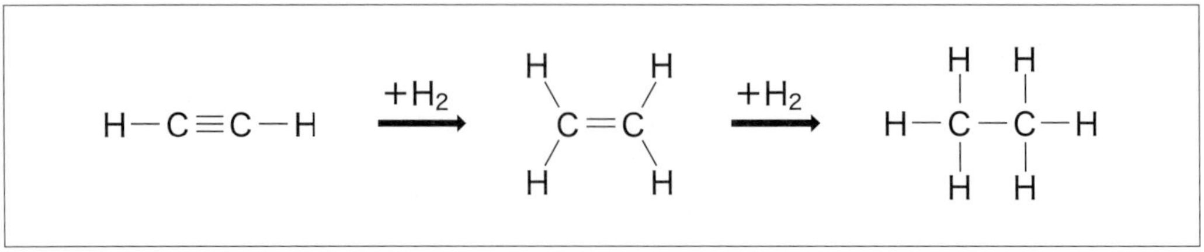

❖ 図 2.2　アセチレンへの水素添加によるエチレン、エタンへの変化

では、二重結合と三重結合ではどんな結合が形成されているのでしょうか。sp^3混成と同じ考え方でこれらの結合の形成が解釈できます。二重結合の平面に広がる3つのσ結合は、1つの2s軌道と2つの2p軌道によって作られるsp^2混成軌道によって作られ、また、三重結合の2つのσ結合は、2s軌道と1つの2p軌道によって作られるsp混成軌道によって作られています。しかし、これらの結合にはまだ残っている軌道と電子があります。二重結合では2p軌道に電子が1つ、三重結合では2つの2p軌道に電子が1つずつ残っています。これらはどうなっているのでしょうか。図2.3および図2.4に示すように、p軌道の側面の重なりで電子対を共有することによって結合を形成しているのです。この結合がπ結合です。この結合に関与している電子をπ電子といいます。また、σ結合に関与している電子をσ電子といいます。図をみて明らかなようにσ結合に比べてπ結合では、軌道の重なりが小さいです。このことがπ結合がσ結合よりも弱い結合となっている原因になっています。さらに、π電子は分子平面の外に向かって結合電子が広がっています。このため、電子を求める水素分子のような化合物が近づいてきて、図2.2に示した反応を起こすのです。

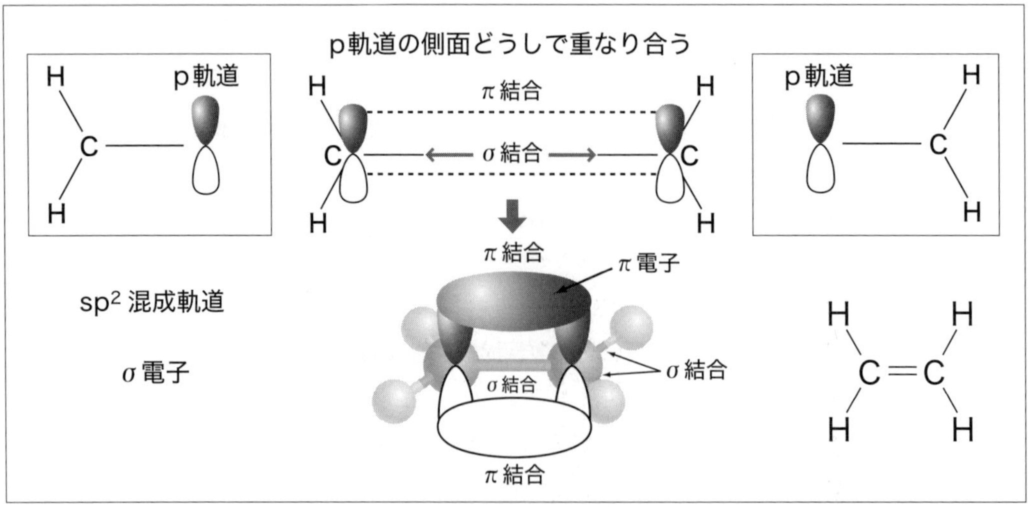

❖ 図 2.3　エチレンの二重結合

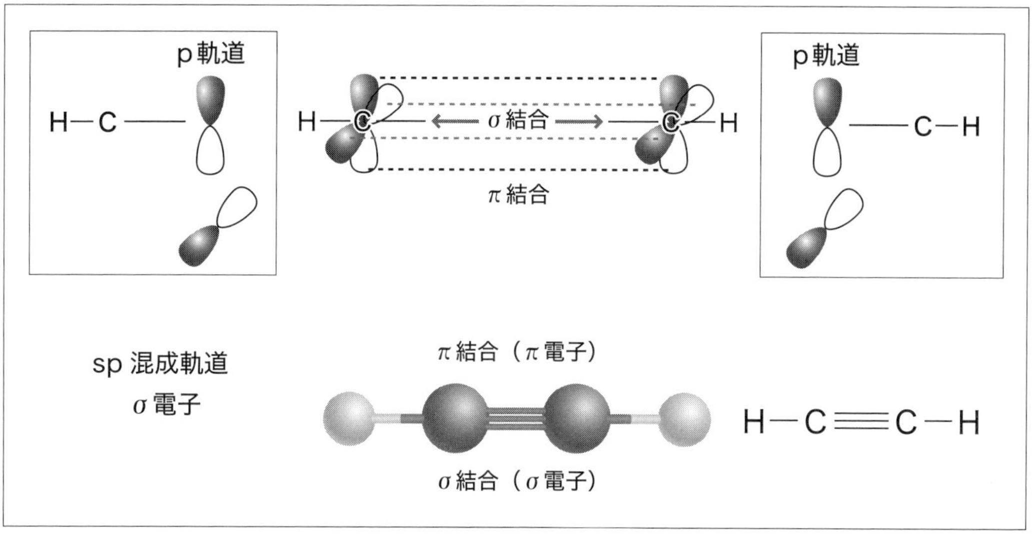

❖ 図 2.4　アセチレンの三重結合

共役と共鳴

共役と共鳴は、いずれも有機化合物の構造上の特徴を表現するのになくてはならない用語です。また、分子の化学反応性の理論的解釈にも必須なものです。しかし、それらの概念が類似しているため、よく混同して使われていることもあります。ここでは、ブタジエンを例に、これら2つの用語について説明したいと思います。

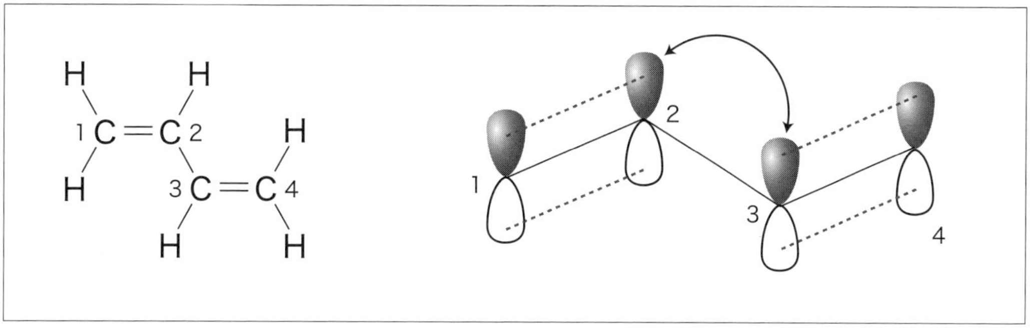

❖ 図 2.5　ブタジエンの化学結合

ブタジエンとは、図2.5左のように分子中に二重結合を2つ持っていて、しかもその二重結合が隣接している分子です。二重結合の結合のうち、1つはπ結合で、p軌道の側面の重なりによって炭素原子と炭素原子とが結合を作っています。図2.5右に示したように、炭素1と炭素2の間と炭素3と炭素4の間に二重結合が存在しています。しかし、図をよく見てみてください。炭素2のp軌道の隣には二重結合を形成している炭素1のp軌道のほかに炭素3のp軌道が存在しています。つまり、軌道の観点から見ると炭素2と炭素3の間にもπ結合が存在していると考えられるのです。実際に、この分子の炭素2と炭素3のp軌道の間にはπ結合のような相互作用が生じ、その結果、炭素2と炭素3の結合には二重結合の性質が加わっています。一方、炭素1と炭素2の結合は二重結合の性質が減っていきます。その性質の変化は、具体的には結合の長さの違いとして現れてきます。通常、単結合よりも二重結合の方が短くなっています。共役によって、もともと二重結合を形成していた炭素1と炭素2の結合距離は伸び、逆にもともと単結合であった炭素2と炭素3の結合距離は短くなっています（厳密には少し炭素1と炭素2の結合距離の方が炭素2と炭素3の結合距離より短い。つまり、二重結合の性質が大きい）。このようなことが起こる原因は、2つの二重結合が隣接していること、つまり単結合をはさんで二重結合があるからです。このような現象を、C1−C2の二重結合とC3−C4の二重結合は共役しているといいます。このような分子の構造は下記のように表現します。

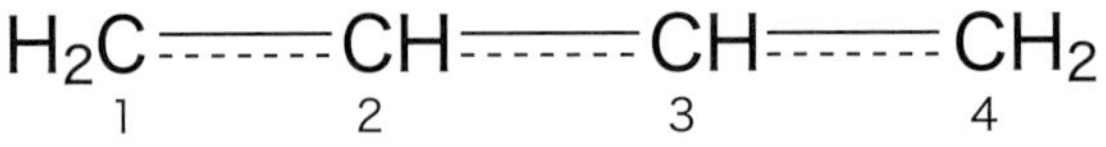

または、従来の化学式で下記のように表現する方法もあります。

（A）　　　ブタジエン　　　（B）

実際、ブタジエンの分子構造は（A）でも（B）でもありません。このような場合、ブタジエンは、（A）と（B）の共鳴混成体として存在しているといいます。（A）という分子も（B）という分子も存在せず、実際に存在する分子の構造をいくつかの類似の構造の寄与、ここでは（A）と（B）の寄与によって形成されていると考えるのです。このような考え方を共鳴といいます。（A）や（B）のことを共鳴構造（または限界構造式）といいます。通常、実際の分子に対する共鳴構造の寄与の程度は、同じではありません。ブタジエンの場合には（A）の寄与が大きいです。なぜなら（B）の共鳴構造には電荷が存在し、かつその電荷を安定なものとする要因がないからです。このようにして、共鳴とは、真の分子の構造を表現する考えなのです。

コラム

目に見える巨大分子

ほとんどの分子は非常に小さいことから、特殊な顕微鏡でも使わない限り直接見ることはできません。しかし、中には、目に見えるものも存在します。いわゆる高分子化合物（ポリマーともいう）と言われるもので、分子量が約10000以上の大きな化合物です。私たちが、教科書などで最初に出会うエタノール（分子量46.07）やエチレン（分子量28.05）などの有機化合物は、高分子化合物に対して低分子化合物（またはモノマー）と呼ばれているものです。通常の有機化合物の分子量は100～300ぐらいです。この分子量の違いを見ただけでも、高分子化合物がいかに巨大な分子であるかがわかるかと思います。高分子化合物は、低分子化合物がいくつか連なってできたものです。このため、重合体とも呼ばれます。

高分子化合物は大きく分けて自然界の植物や動物に存在する天然高分子化合物と人工的に作った合成高分子化合物の2種類があります。代表的な例をあげます。

高分子化合物の例

天然高分子化合物	デンプン、タンパク質、DNA、RNA、天然ゴム
合成高分子化合物	ナイロン、ポリエステル、ポリエチレン、 ポリプロピレン、ポリ塩化ビニル

合成高分子化合物は、皆さんの生活にはなくてはならない素材となっています。たとえば、ナイロンやポリエステルは合成繊維として衣類などに使われています。また、ポリ塩化ビニルはその硬い特徴から家庭の流しなどに使われている排水パイプなどの素材として使われているのです。一方、天然高分子化合物の代表的なものであるデンプンやタンパク質は、生命活動の源になっています。

ところで、ナイロンやポリエチレン、天然ゴムなどは水に溶けません。一方、デンプンやタンパク質は水を加えて温めると溶けます。デンプンやタンパク質がなくなってしまった、水によって巨大分子が壊れてしまって1つの小さな分子（単糖やアミノ酸）になってしまったのでしょうか。いえ、そうではありません。ある程度の大きさの粒子となって溶液の中に漂っているのです（分散しているという）。ここで、あえて漂っているといったのは、通常の溶解ということとは違うからです。たとえて言えば、広い海の中に浮かんでいるようなものです。この溶液の中に漂っている分子の大きさは10^{-7}から10^{-9}mぐらいの大きさの粒子でコロイドと呼ばれるものです。通常の原子の大きさが、10^{-10}mですので、コロイドの粒子は、原子の10倍から1000倍の大きさを持っています。このようにデンプンやある種のタンパク質がコロイドとして溶液の中に分散し、人の体の中を移動し、生命活動を支えているのです。このことだけでも、生命は実にうまく物質の性質を利用していることがわかります。

第3章

有機化合物の構造

3.1 異性体って何？

教室…
追い出され
ちゃった
むー…
ノゾミさんと
同じ時間を
過ごせる唯一の
場所だった
のにな…
なーに まだ中にいるのは
わかってるんだ！ ここでじっくり
張ってれば いずれ出てくるさ
ふふふ……
それじゃ まるっきり
ストーカーだよ！

だが…加賀クンは　いつまでも
見つめるだけでいいのかな？
…えっ？
勇気を持って
声をかけてみろ！
有機化学で
キミに勇気を！
なーんちゃって
原子たちも勇気を持って
結合するから『異性体』を
生み出せるんだぞ！
C
H
異性体って…その水素原子
みたいなの？
ハーイ!!
H
いや　これはわかりやすくするため
女性型で表してたんだが

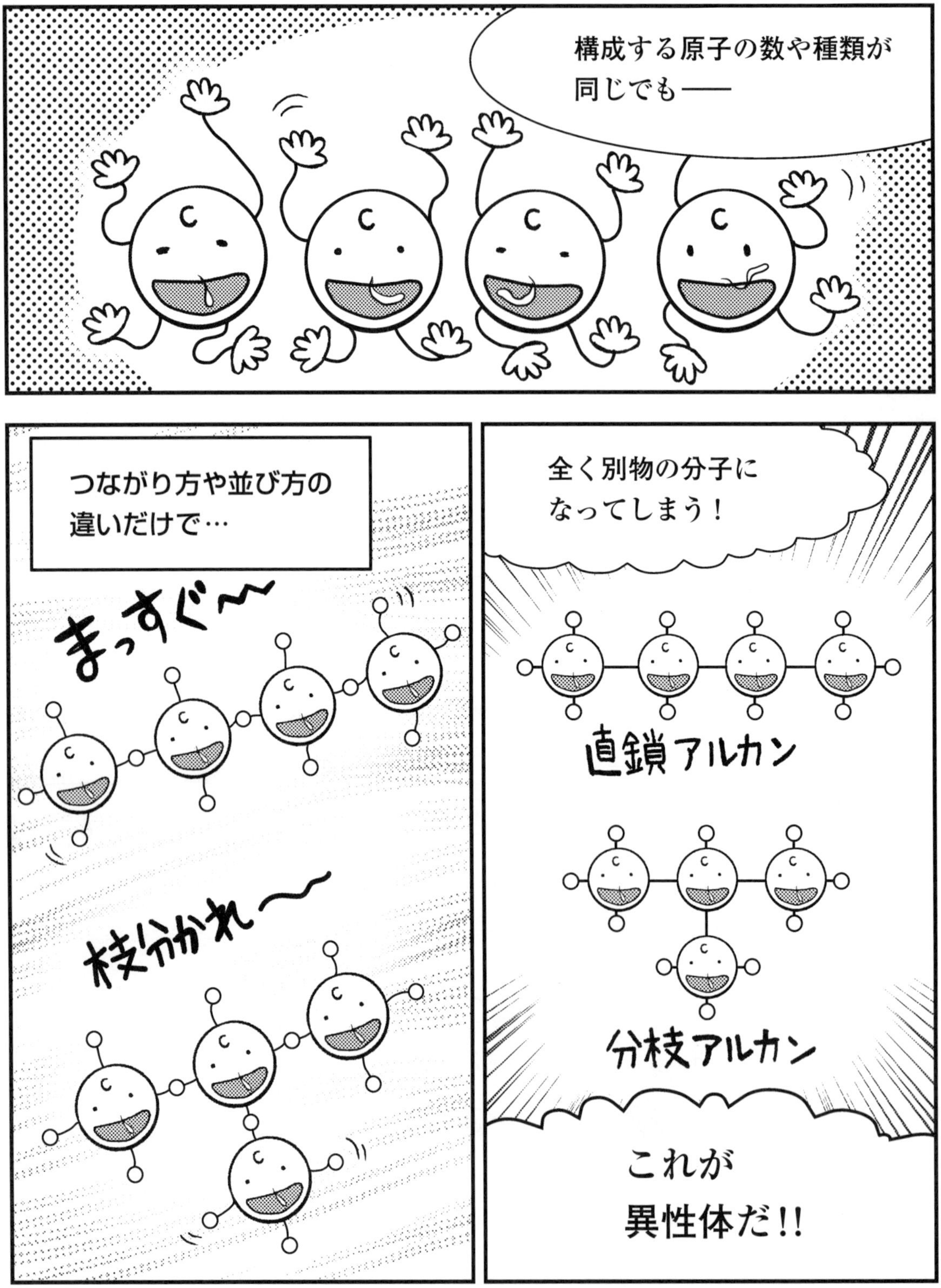
構成する原子の数や種類が
同じでも——
つながり方や並び方の
違いだけで…
まっすぐ〜
枝分かれ〜
全く別物の分子に
なってしまう！
直鎖アルカン
分枝アルカン
これが
異性体だ!!

ええっ？　手のつなぎ方
だけで性質が変わるの？

ホレ、人間でも女のコと手をつないで
仲良くなったはずが翌朝
うっすらとヒゲが生えていたり…
いや　そんな
漫談はいいから

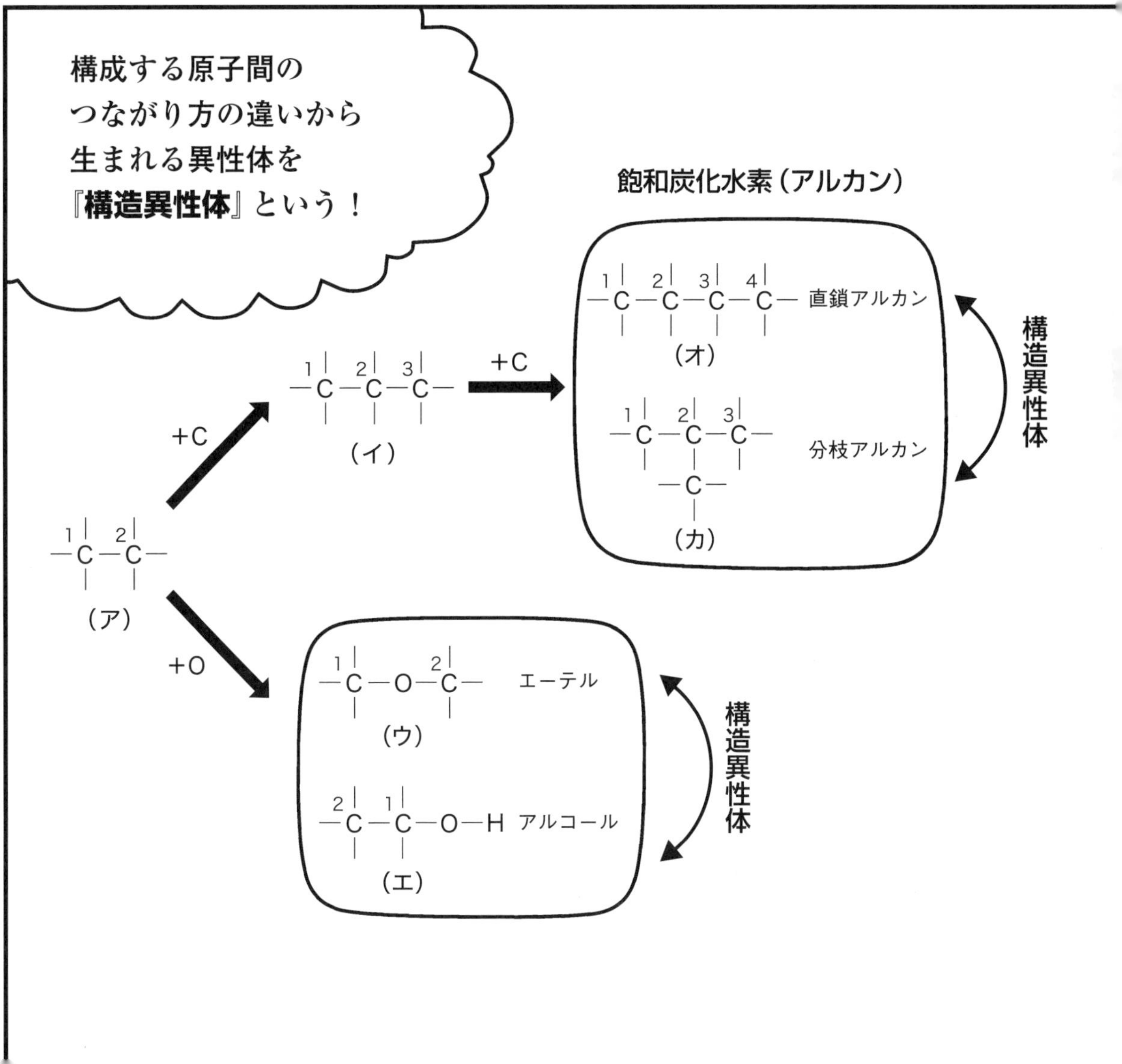
構成する原子間の
つながり方の違いから
生まれる異性体を
『**構造異性体**』という！
飽和炭化水素（アルカン）
(ア)
+C
(イ)
+C
直鎖アルカン
(オ)
分枝アルカン
(カ)
構造異性体
+O
エーテル
(ウ)
アルコール
(エ)
構造異性体

もし（ア）のような並んだ2つの炭素原子の余った手のすべてに…
このように水素原子がくっつけばエタン（C_2H_6）という有機化合物になる
同じように3つ並んだ炭素原子の余った手と水素原子が結合すれば——
プロパン
プロパンガスで知られるプロパン（C_3H_8）になるぞ！（イ）
さらに4つ目の炭素原子が結合する場合（オ）
真っすぐ結合した「直鎖アルカン」の構造になるとブタン（C_4H_{10}）に
ブタン

真ん中にいた炭素原子と
結合した『**分枝アルカン**』の
形になると（カ）
2-メチルプロパン（C_4H_{10}）
という有機化合物に
なってしまうのだ!!
2-メチルプロパン
その2つの
有機化合物が
構造異性体の
関係にあるってことだね
うむ！ 人間でも男ばっかしの
男子寮にノーマルな
新入りが入居すると
時々そういった事故が…
だから漫談は
もう いいって!!
いやいや！ 炭素原子の
数が増えると枝分かれの
構造異性体の数が
一気に増えるのは事実だ
チュー

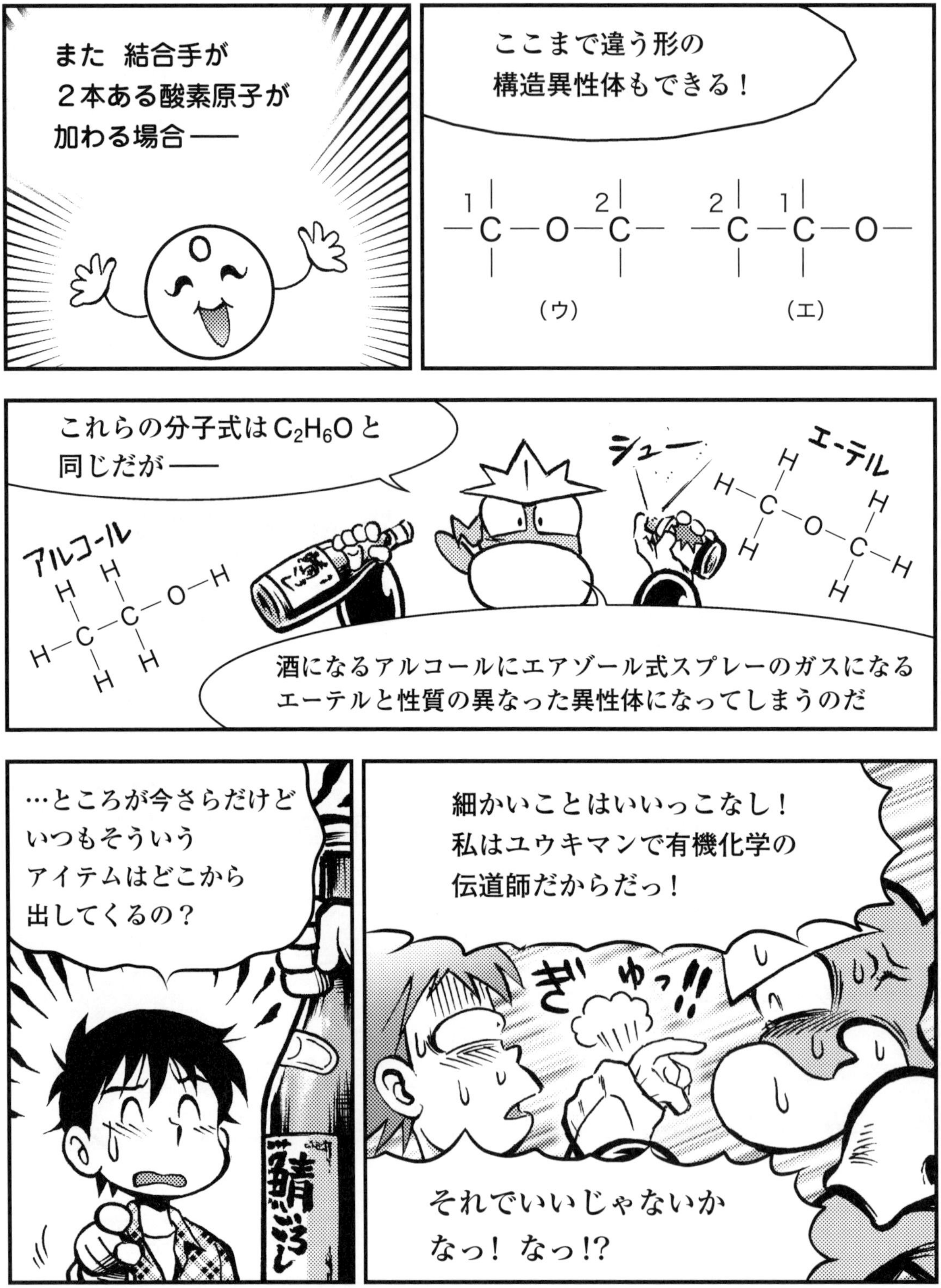
また　結合手が
２本ある酸素原子が
加わる場合――
ここまで違う形の
構造異性体もできる！
(ウ)
(エ)
これらの分子式はC_2H_6Oと
同じだが――
シュー
エーテル
アルコール
酒になるアルコールにエアゾール式スプレーのガスになる
エーテルと性質の異なった異性体になってしまうのだ
…ところが今さらだけど
いつもそういう
アイテムはどこから
出してくるの？
細かいことはいいっこなし！
私はユウキマンで有機化学の
伝道師だからだっ！
ぎゅっ!!
それでいいじゃないか
なっ！ なっ!?

な…なんだよ　いきなり
痛いってば！
痛い…そして
力強いだろ？
えっ？
有機化合物も強い結合を
作るが、そのとき
構造異性体になったり
するんだ！
C
C
炭素原子どうしが２本の手で結合すれば
『二重結合』　３本だと『三重結合』となり
だんだんと強い結合になる
アルケン
アルキン
二重結合
三重結合
1
2
3
4
—C—C—C=C—
—C—C=C—C—
—C—C—C—C—
—C—C—C≡C—
—C—C≡C—C—
構造異性体
構造異性体
炭化水素は強さの違う結合の
位置によっても
異なる構造異性体を生むのさ

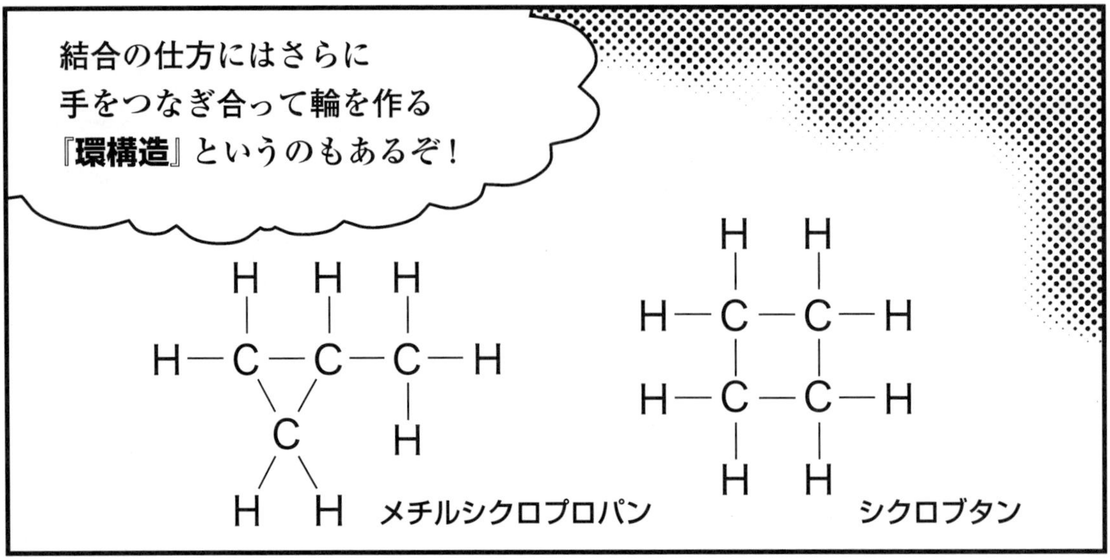
結合の仕方にはさらに手をつなぎ合って輪を作る『環構造』というのもあるぞ！
メチルシクロプロパン
シクロブタン

たとえば上の図だと同じC_4H_8でありながら炭素原子３つが輪になった『3員環』
４つが輪になった『4員環』などの構造異性体が存在するのだ

そっか…原子もいろいろ工夫してつながり合っているんだね

3.2 分子の二次元構造と性質（立体配置）

それでも　元々の
縁がなきゃ
ダメなんだよなァ…
いや…彼らは
それ以外の方法でも
異性体になれるんだぞ
『立体異性体』といってな…
ん～　こちらの方が
説明しにくいのだが
ファイトー!!
ゴーゴー
レッツゴー!!

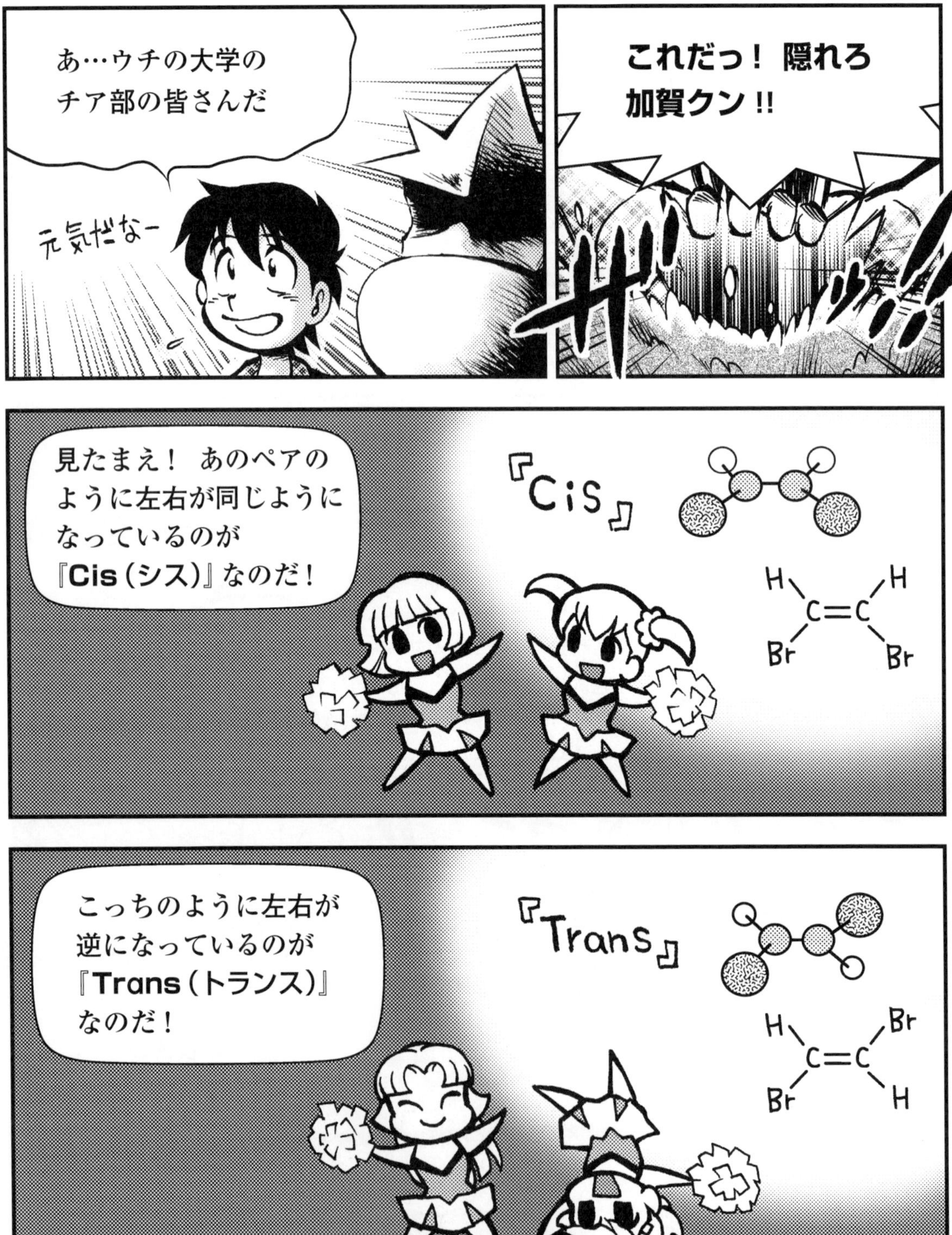
あ…ウチの大学の
チア部の皆さんだ
元気だなー
これだっ！ 隠れろ
加賀クン!!
見たまえ！ あのペアの
ように左右が同じように
なっているのが
『Cis（シス）』なのだ！
『Cis』
H H C=C Br Br
こっちのように左右が
逆になっているのが
『Trans（トランス）』
なのだ！
『Trans』
H Br C=C Br H

あのような異性体を『幾何異性体』または『シス・トランス異性体』と呼ぶ!!
ビッ!!
いや…たしかに立体の異性だけどさぁ…
いいのかな～…
まあ聞きたまえ！有機分子は立体的な広がりを持つため
GO! GO!
空間的な配置の違いによって立体異性体が生まれるのだ！
また幾何異性体は異なった原子だけでなくいくつかの原子の集まった原子団の空間的配置の違いによっても生まれる！

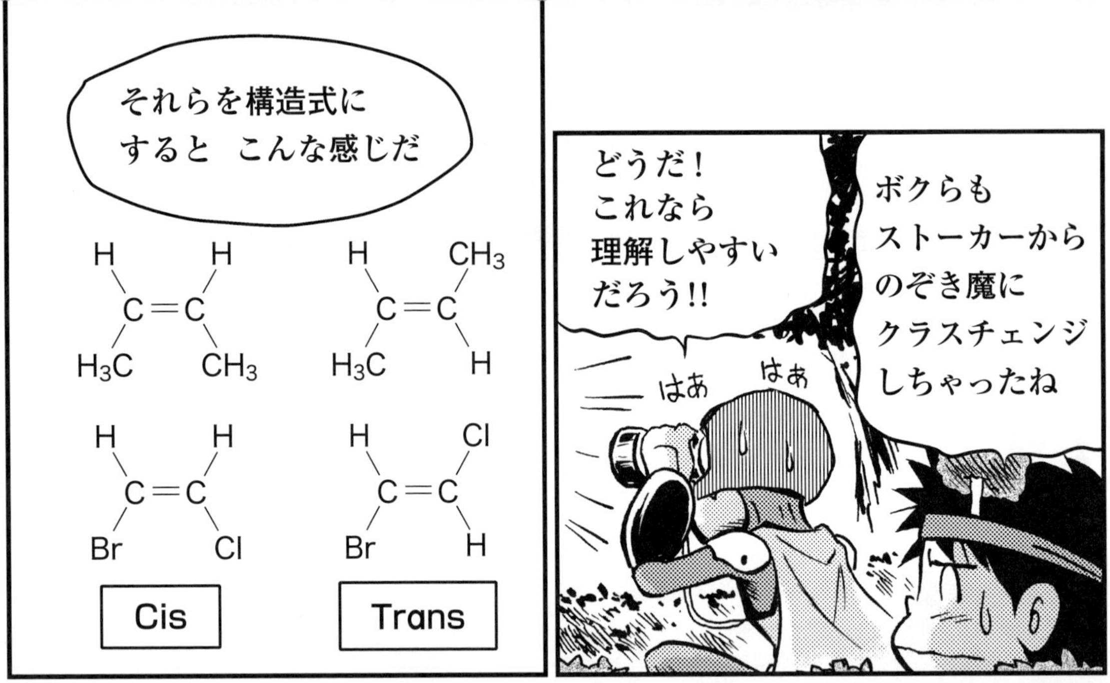

3.3 分子の三次元構造、分子の鏡の世界（鏡像異性体）

『鏡像異性体』も
伝授しよう!
鏡像…って それ
ただのゴミだよ
ごそ
ごそ
空き缶
ペットボトル
空きビン
紙くず
etc…
これら５種類の違う物体を
ドーン!
ドォン!
さらに
ドーン
ドーン
ドーン!!
ドカーン

それっ もひとつ
おまけにドーン！
ね…ねえユウキマン
みんな集まって
来ちゃったよ…
ざわ…ざわ
なんだ
なんだ
かまわん！ 私は
流しのマジシャンだ!!
ポワン!!
わっ!!
おー!!
これは炭素原子を中心に
異なった原子や原子団が
結合した
正四面体構造！
我が愛しのメタン分子と
同じ物だな
そんな分子の中心を
担う炭素原子を
『不斉炭素原子』と
呼ぶが—…
不斉炭素原子
Br
Cl—C—F
I

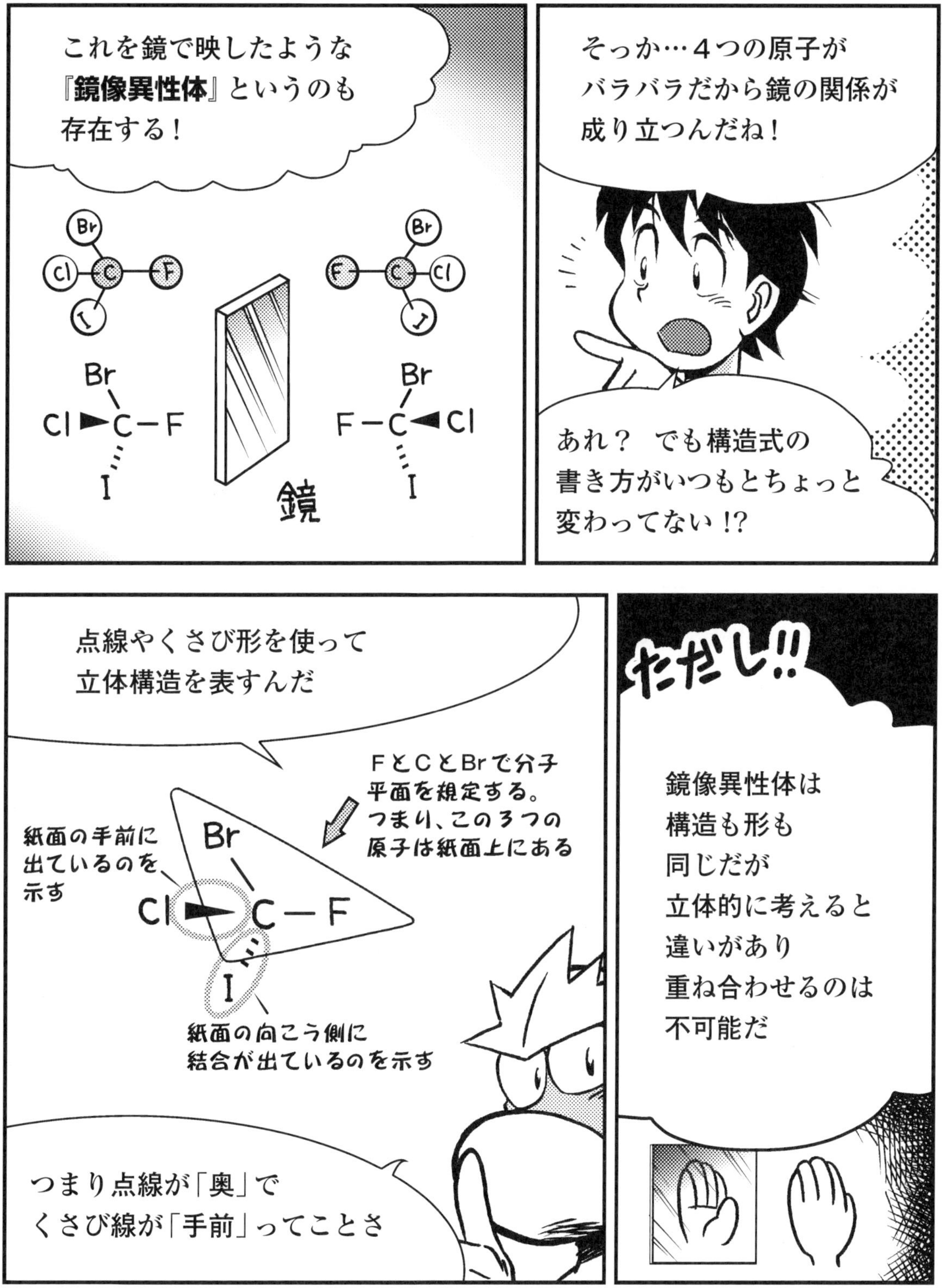
これを鏡で映したような『**鏡像異性体**』というのも存在する！
鏡
そっか…４つの原子がバラバラだから鏡の関係が成り立つんだね！
あれ？ でも構造式の書き方がいつもとちょっと変わってない !?
点線やくさび形を使って立体構造を表すんだ
ＦとＣとBrで分子平面を規定する。つまり、この３つの原子は紙面上にある
紙面の手前に出ているのを示す
紙面の向こう側に結合が出ているのを示す
つまり点線が「奥」でくさび線が「手前」ってことさ
ただし!!
鏡像異性体は構造も形も同じだが立体的に考えると違いがあり重ね合わせるのは不可能だ

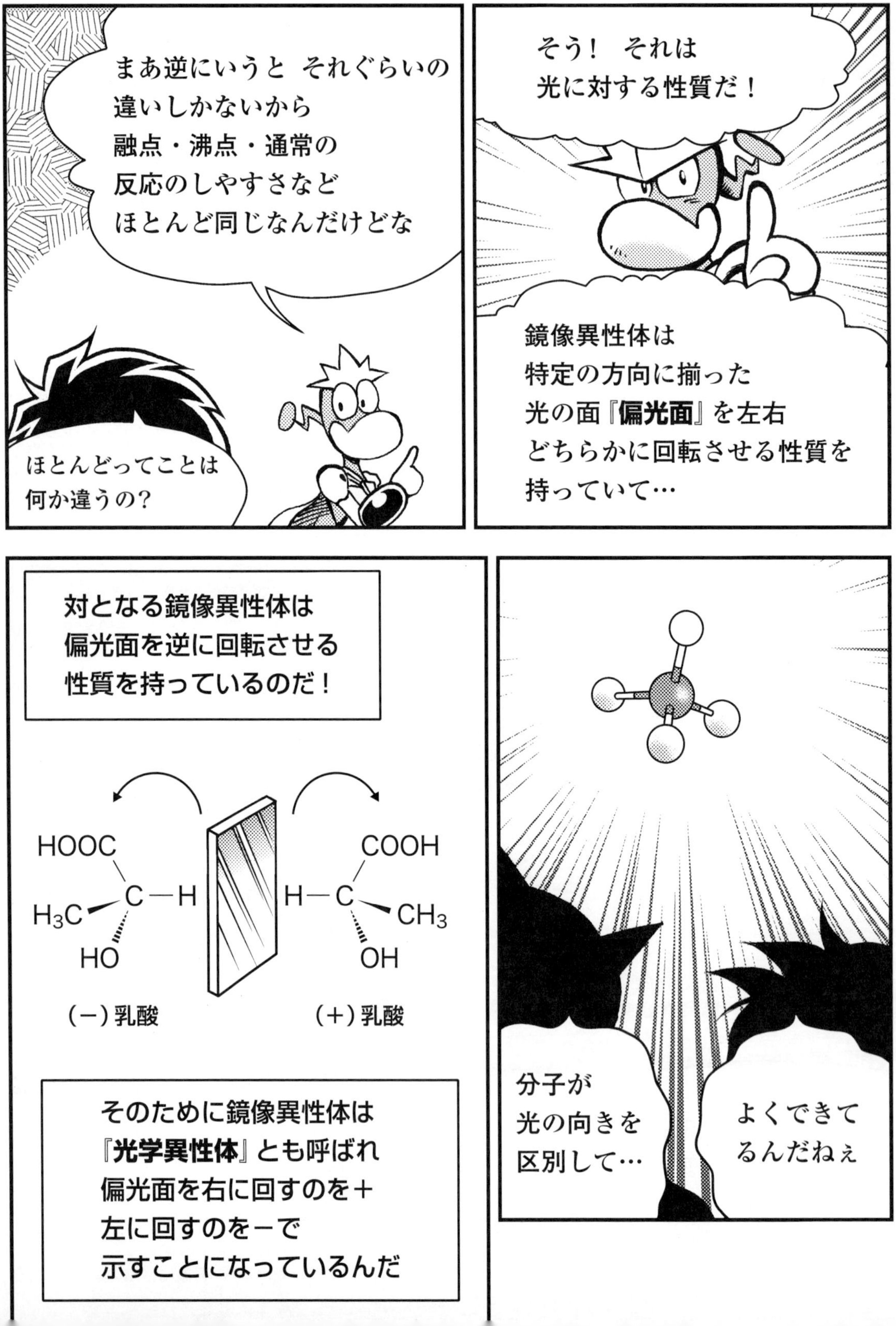
まあ逆にいうと それぐらいの
違いしかないから
融点・沸点・通常の
反応のしやすさなど
ほとんど同じなんだけどな
ほとんどってことは
何か違うの?
そう！ それは
光に対する性質だ！
鏡像異性体は
特定の方向に揃った
光の面『**偏光面**』を左右
どちらかに回転させる性質を
持っていて…
対となる鏡像異性体は
偏光面を逆に回転させる
性質を持っているのだ！
HOOC
H_3C
C
H
HO
H
C
COOH
CH_3
OH
(−) 乳酸
(+) 乳酸
そのために鏡像異性体は
『**光学異性体**』とも呼ばれ
偏光面を右に回すのを＋
左に回すのを−で
示すことになっているんだ
分子が
光の向きを
区別して…
よくできて
るんだねぇ

いや…できてるん
じゃなくて自らが
動いて…
ん？ どうした
加賀クン
……
──心も持たない
原子たちに何か
教えられちゃうなんて
ボクもつくづく
間抜けだよね
…「心」だって
彼ら原子が結合しまくり
人間を形作ったことで
生まれた物じゃないか
有機化学から
学べることは
多いと思うぞ

ノゾミさん…そろそろ授業終わったかどうか見てくるよ!!
タッ
そうか…有機化学から勇気を…
ぐっ
おーい！ 変なマジシャンのおっさん!! ネタの続きやれよ！
オラオラー
ふふふ…直鎖アルカンみたいに真っすぐな若き情熱…か
ギリッ…
ネタ…

誰がおっさんだ！
私はまだ地球人の年齢だと
36歳だぞ!!
ズギューン
やっぱり　おっさん
じゃねーか！
ぐわぁぁぁあっ!!
タッ
タッ
タッ
そうなんだ…
いつも眺めて
いるだけじゃ何も
始まらない！
せめて
きっかけを
作らなきゃ…
まず「自分」が変わら
ないとダメなんだって
原子たちが
教えてくれた!!
おー
C
ガンバレー
H
あっ！
ノゾミさん…

へえ〜　キミ高校の時はテニス部だったの？
えっと…はい！
やっぱり！　そんな感じしてたもん
じゃあ俺らのテニスサークル入ってよ！　いーじゃん!!
ねっ！　せめて来週の新歓イベントだけでも参加してさー!!
て…手に余るほどの
異性体出現〜!?

フォローアップ

分子式、構造式の見方と書き方

元素記号を用いて分子を表したものを化学式といいます。化学式にはその目的によっていくつかの書き方があります。エタン、エタノール、そしてシクロヘキサンの3つの化合物を例に説明します（表3.1）。

❖ 表3.1　さまざまな化学式（分子の表記法）

	エタン	エタノール	シクロヘキサン
分子式	C_2H_6	C_2H_6O	C_6H_{12}
組成式	CH_3	C_2H_6O	CH_2
示性式	CH_3CH_3	（ア）　C_2H_5OH （イ）　CH_3CH_2OH	
構造式	（ア） 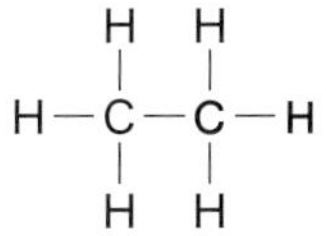 （イ） 	（ア） 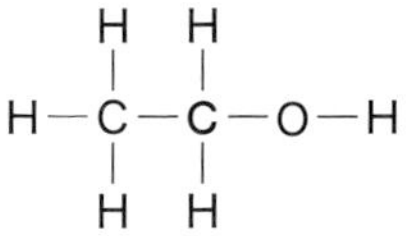 （イ） 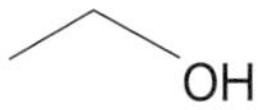	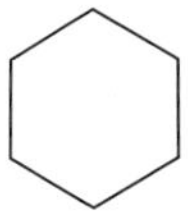

分子の構造の基本となるものはその分子を構成している元素の種類と数です。これだけの情報を含んだものが分子式です。分子式が化合物の基本的情報になります。このなかでも、特に重要なのは分子を構成している元素の割合です。その割合を示した化学式を組成式といいます。たとえば、エタンの分子式はC_2H_6となっています。分子は炭素原子2個と水素原子6個から構成されていますので、炭素と水素が1:3の割合で構成されているのがわかりますね。つまり組成式はCH_3となります。エタノールおよびシクロヘキサンの場合にはこれらの化合物の分子式、組成式は表3.1のようになります。

ところで、エタノールにはヒドロキシ基（OH）という官能基が存在します。官能基は、その分子の性質に大きくかかわる重要な構造です。そのことを表す表記法が示性式です。エタノールの場合、炭化水素のところの表現の仕方は二通りの書き方があります。さらに分子の構造まで詳しく示した表示方法が構造式と呼ばれるものです。分子の構造、つまり各構成原子がどのように結びついているかを示した化学式です。有機化合物の分子の構造が明確にわかるため、有機化合物では構造式で表すことが多いですが、分子が大きくなるとわかりにくくなってしまいます。そこで、構造式でも炭素原子のCと水素原子のHの表示を除いて炭素原子と炭素原子の結合だけ線で結び、そこに官能基だけを加えた表示をすることがあります。表3.1の構造式（イ）です。分子が複雑になると、構造式と示性式を合わせた表現で分子の構造が記載されることがほとんどです。

E,Z 命名法

二重結合に基づく立体異性体（幾何異性体）を区別するのに、シスおよびトランスという用語を用いると説明しました（74ページ）。しかし、図3.1のような、二重結合のすべてに異なった原子もしくは原子団が置換している場合には、2つの幾何異性体をシス、トランスで明確に規定することができません。図3.1右の化合物では、メチル基（CH_3）に対してBr（臭素原子）はトランスの関係にありますが、Cl（塩素原子）はシスの関係にあります。いちいち注目すべき原子や原子団を指定して、その幾何構造を定義しなくてはならなくなってしまいます。二重結合をたくさん含む化合物になると、このような方法では、幾何構造を示すのに複雑な表記が必要になります。そこで、もっと一般的に適応できる幾何構造を規定する方法として*E,Z*命名法という規則がIUPAC（国際純正・応用化学連合）によって決められています。現在では、慣用的にシス、トランスという言葉を使うことはありますが、正式には*E,Z*が用いられています。では、この*E,Z*命名法とはどのようなものでしょうか。図3.1のように二重結合の相対的位置関係（幾何構造の区別）を示す必要のある部分XとYのそれぞれで、次の順位則に従って原子または原子団の順位づけをしてみます。そして、その順位が高いものが二重結合の同じ側にある場合を*Z*、反対側にある場合を*E*と規定します。

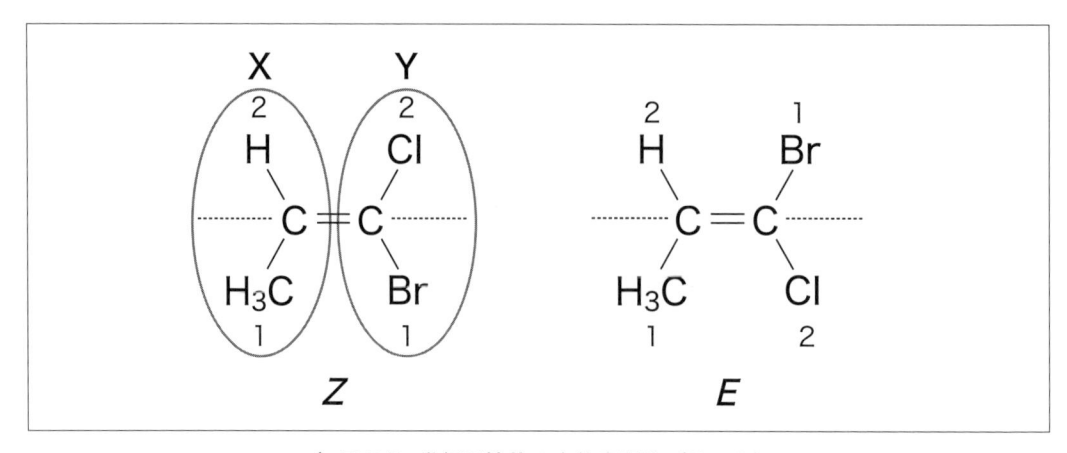

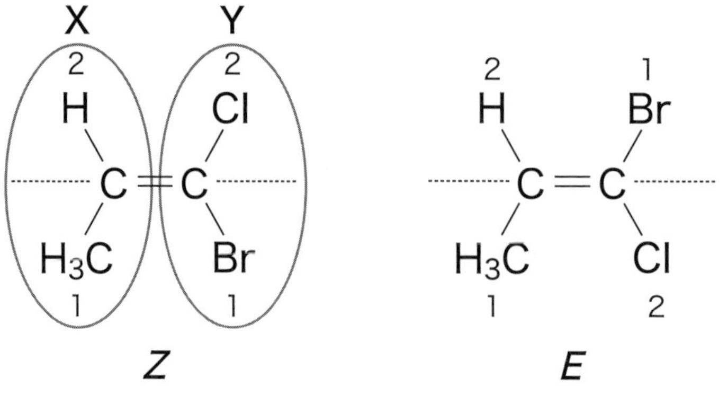

❖ 図3.1　幾何異性体の立体表記法（その1）

原子または原子団の優先順位を決める規則（順位則）

以下に示す（1）と（2）の規則を順番に適応して順位を決めます。まず（1）の規則で順位が決められないかみます。決められない場合は、次の（2）の規則を適応します。このように順番に決めていきます。

（1） 原子番号の大きいものを高順位とする。

（2） 決まらない原子に結合しているその次の原子について（1）によって順位を決める。

決まるまで、比較する原子を順次広げていき、上記の規則を適応します。

上記の規則によると図3.1で炭素原子Cと水素原子Hなら原子番号の大きいCが1位、Hの方が2位に、またClとBrではClの方が2位にBrの方が1位となります。したがって、順位の高いCとBrが同じ側にある場合（図3.1左の化合物）が*Z*、反対側にある場合（右側）が*E*の配置となります。ところで、図3.2のような場合には、Xの部分は（1）の規則で簡単に順位が決まりますが、Yの部分は、どちらもCですので、順位を決めることができません。この場合には、さらに（2）の規則によって順位を決めます。つまり、一方はCにHが2つとClが1つ、もう一方のCにはHが2つとBrが1つ結合しています。この場合は、ClとBrを比べて順位を決めることになります。したがって、図3.2のような順位づけとなり、この化合物の立体配置は*Z*配置となるわけです。

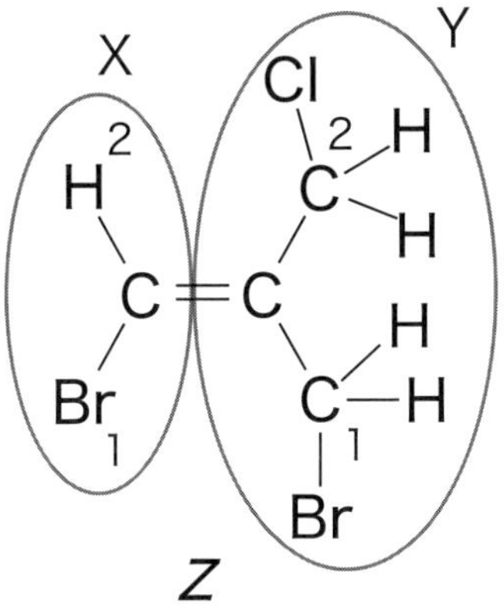

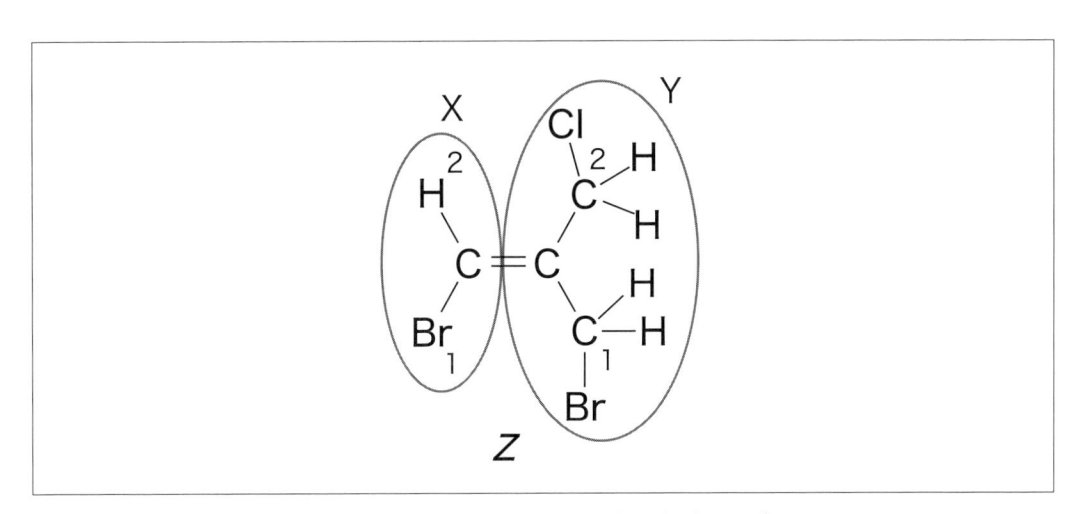

❖ 図 3.2 幾何異性体の立体表記法（その 2）

立体異性体のさまざまな表示の仕方

構造式でメタンは図3.3(ア)のように書きます。しかし、実際の分子は図3.4のように正四面体構造をしています。この立体的な構造を示すために、図3.3の(イ)のように表現されます。くさび形表記法と呼ばれる表現方法の説明を図3.5に示しました。この表現方法は、有機化合物の反応がどのような仕組みで進んでいるのかを説明する場合によく使われています。

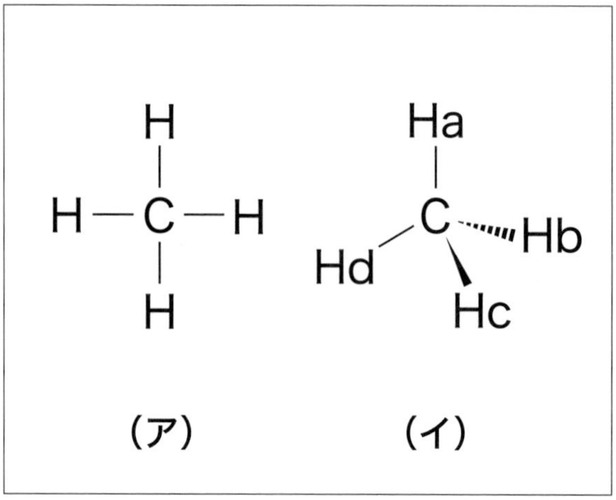

❖ 図 3.3　メタンの平面図とくさび形表記法による立体構造図

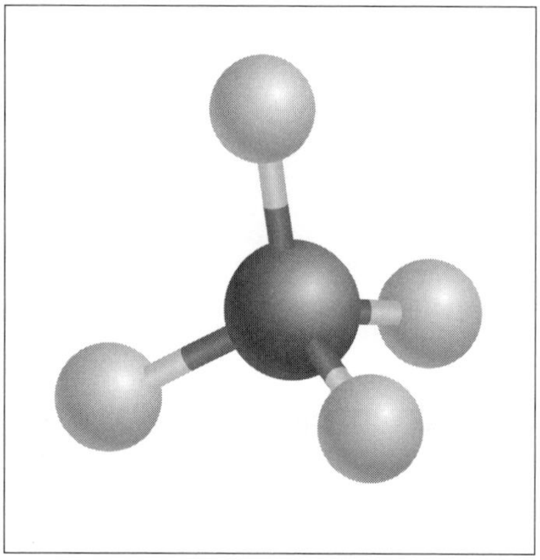

❖ 図 3.4　メタン分子の正四面体構造

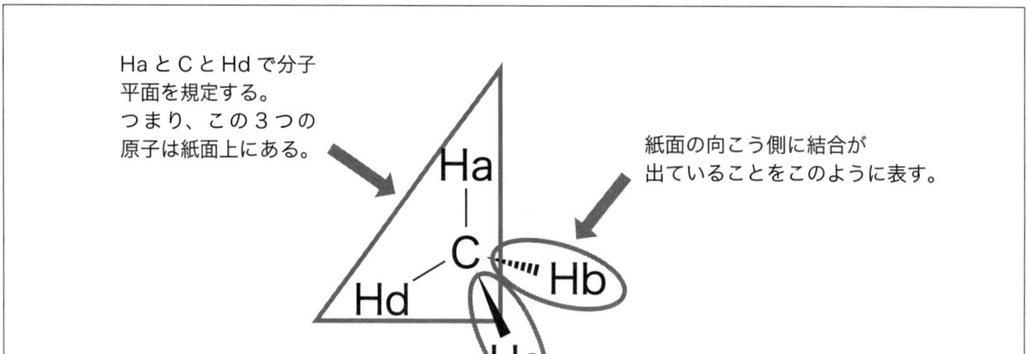

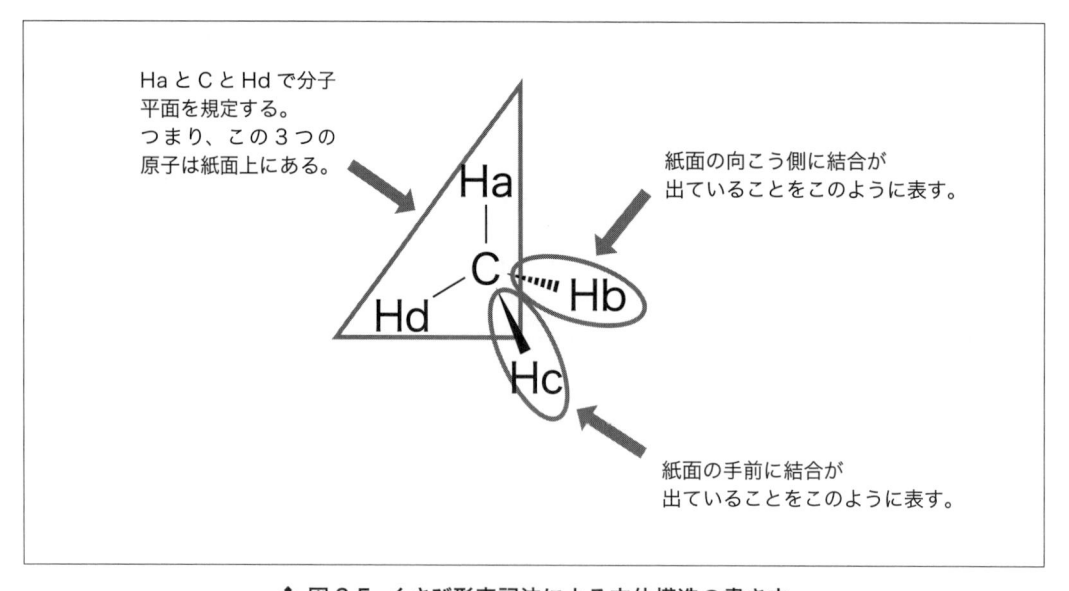

❖ 図 3.5　くさび形表記法による立体構造の書き方

R,S 命名法

不斉炭素原子を持つ化合物には、鏡の関係にあるいわゆる鏡像異性体が存在しますが、この2つの立体構造は旋光度の＋と－では規定できません。旋光度は、鏡像異性体の物理的な性質の違いであるからです。ところで、旋光度とは、振動面のそろった光（偏光という）を一定の方向に回転させる性質（旋光性）で、回転した角度のことです。右に回る場合を右旋性と呼び、＋の角度で表示します。一方、左に回る場合は、左旋性と呼び、－の角度で表示します。この光に対する性質が違うことから、光学異性体とも呼ばれます。ただし、光学異性体の中には鏡の関係にないものもあります。つまり、鏡像異性体は、光学異性体の1つであるのです。この旋光度で、立体の配置を規定できないとしたら、どのように規定したらいいのでしょうか。そこで、考え出されたのが*R,S* 命名法です。

図3.6を用いて*R,S* 命名法について説明します。不斉炭素原子に結合している原子（または原子団）に順位をつけます。順位のつけ方は、先ほど*E,Z* 命名法のところで説明したことと同じルールで、原子番号の大きい方からつけます。図3.6の右図のように順位を決めたのち、一番順位の低い原子、ここではフッ素原子Fを自分の方から見て向こう側に、つまり図3.6の左図で示したように矢印を示した方向から分子を見るようにします。その結果図3.6の左下に示したように見えるはずです。次に、この図で先ほど決めた優先順位に従って原子をたどっていきます。そのとき右回りにたどる場合を*R* 配置、左回りにたどる場合を*S* 配置と規定します。このようにすれば、不斉炭素原子まわりの立体構造を規定することができます。

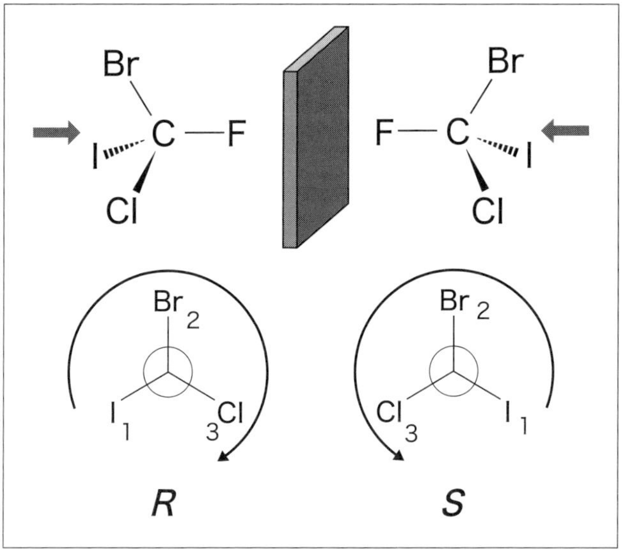

元素記号	原子番号
F	9
Cl	17
Br	35
I	53

❖ 図 3.6　不斉炭素原子の立体配置の規定方法：*R,S* 命名法

鏡像異性体間では、分子の相対的な相互作用によって決まる沸点などの物性や化学反応性には、基本的に差がありません。このように書くと、化学的にはあまり重要でないことのように思われます。しかし、実は生体の中では非常に重要なことなのです。付録「生体の有機化学」で説明するように、生体のタンパク質を構成する20種類α−アミノ酸のうち、1つのアミノ酸を除いて他の19種類のアミノ酸には不斉炭素原子が存在します。つまり、アミノ酸には鏡像異性体が存在するのです。しかも生命に必要なアミノ酸はこの鏡像異性体のうちの一方だけなのです。自然界では一方の異性体だけが使われています。アミノ酸からタンパク質が作られ、生命に必要ないろいろな働きをしています。鏡像異性体が生命活動の鍵を握っているといってもいいぐらいです。

立体配座

1. 鎖状アルカンの立体配座

C=C二重結合を持つ化合物（アルケン）は、シス体とトランス体の幾何異性体が存在する可能性があります。炭素と炭素が二重結合で結ばれているため、この結合まわりの回転を行うと二重結合の2つの結合のうちのπ結合が切れてしまいます。つまり、2つの異性体の間には越えなくてはならない大きなエネルギーの壁が存在します。したがって、室温では、2つの異性体は別々に存在して、交互に行き来するようなことはありません。一方、

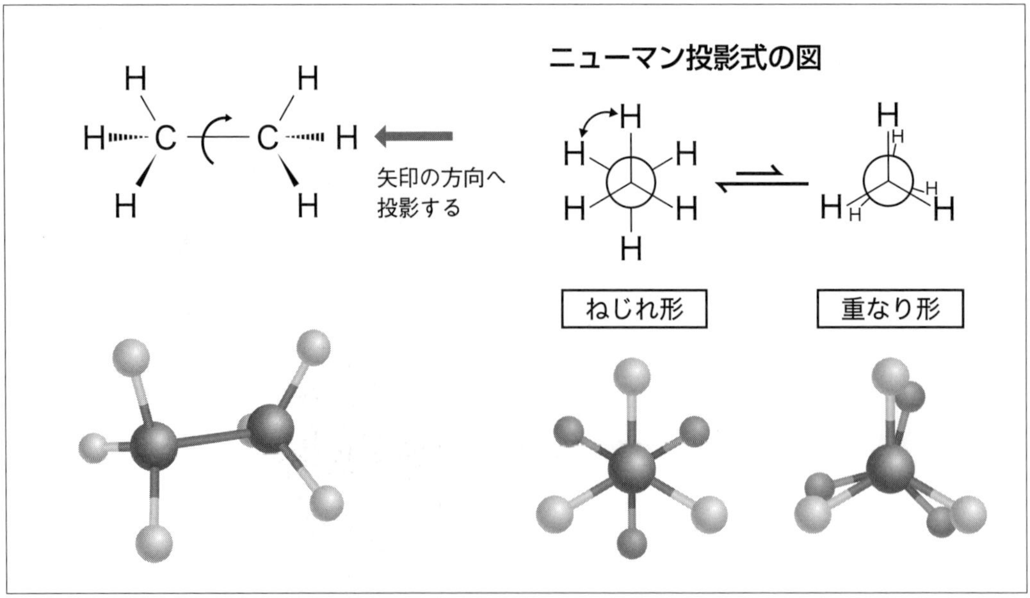

❖ 図 3.7 エタン分子の立体配座

C−C単結合では、この結合まわりの回転をいくら行っても、結合に関係している電子の重なりには全く影響しません。したがって、幾何異性体のような大きなエネルギーで隔てられた異性体は存在しません。つまり、室温では、C−C単結合は自由に回転しています。そのことを自由回転と呼んでいます。しかし、それでもより小さなエネルギーの違いを持った配座異性体というものが存在しています。このことについてエタン分子を例に説明します。

エタン分子を矢印の方向から眺めた図3.7のような図をニューマン投影式の図といいます。この図では手前の炭素原子を点で、向こう側の炭素原子を大きな丸で表示します。この図を見ると隣接した2つの炭素原子に結合した水素原子の相対的位置関係の異なる状態がいくつも存在していることがわかります。これらの状態の中で、典型的なものがねじれ形と重なり形です。容易に想像がつくと思いますが、重なり形の方が、水素原子が近くにあって窮屈な感じがしますよね。実際、重なり形の方がねじれ形より少しだけ不安定になります。このような立体的な構造の違いを立体配座といいます。これに対して、幾何異性による違いのことを立体配置といって区別しています。

もう少しこの立体配座についてみてみましょう。図3.8は、エタンの2つの水素をメチ

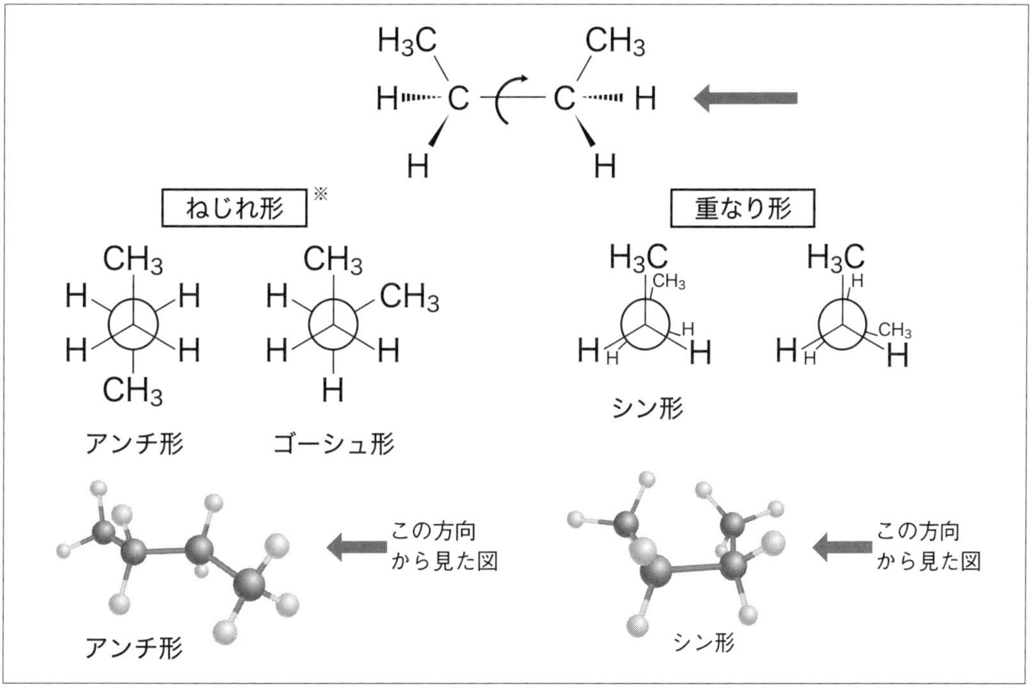

❖ 図3.8 ブタン分子の立体配座

※ ねじれ形のうち2つのCH_3の位置関係がニューマン投影法の図で60°の角度で隣どうしである配座をゴーシュ形、互いに逆方向に向いた配座をアンチ形という。

ル基に置き換えたブタンについての立体配座の典型的な異性体を示したものです。ブタンの場合には、ねじれ形と重なり形のそれぞれに2つの配座異性体が考えられます。特にCH_3とCH_3が重なったものは、より大きな立体的な反発を生み、他の異性体よりも不安定になることは、理解できます。このように、重なり合う部分の構造が大きくなることによって、C−C単結合の回転がしにくくなります。つまり、エタンに比べて配座異性体間のエネルギーの差が少し大きくなってきます。このようにして、置換基をどんどん大きくしていくと、C−C単結合の回転がどんどん束縛されるようになり、室温でも配座異性体が別々に存在できるようになってきます。しかし、このようなことはごくまれな場合で、通常は自由にC−C結合は回転しています。

2. シクロヘキサンの立体配座

立体配座は、環状炭化水素の構造において重要な働きを持っています。図3.9には、炭素6個から形成されているシクロヘキサンの立体配座異性体を示してあります。シクロヘキサンには、炭素原子が無理なく正四面体構造をとれる配座として2つの配座が存在します。

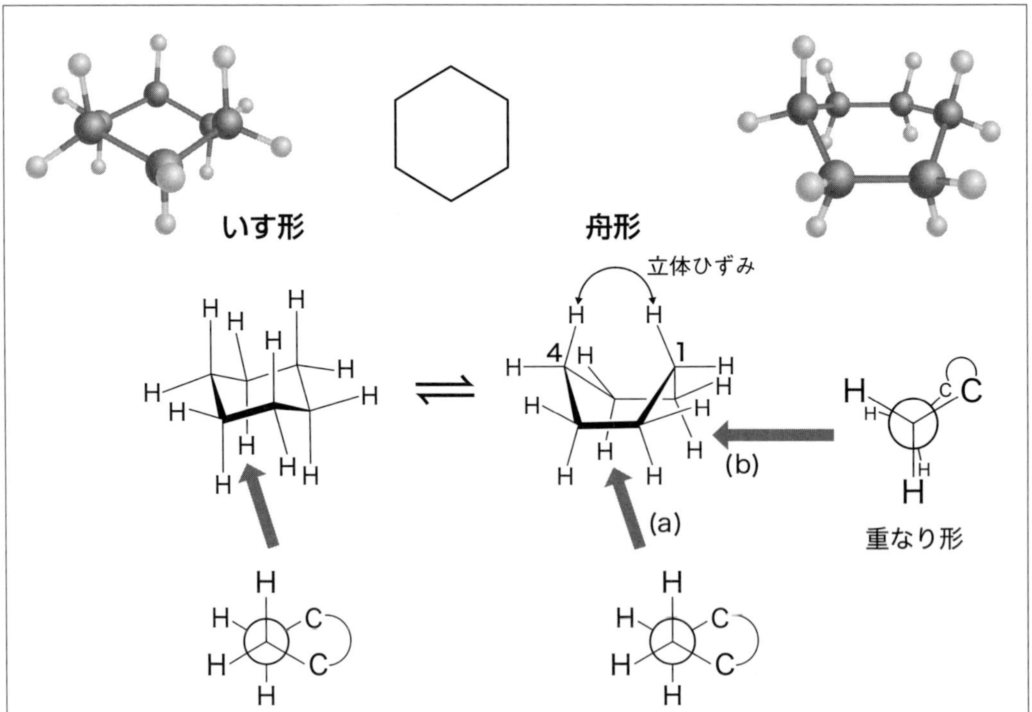

❖ 図3.9 シクロヘキサン分子の立体配座

いす形と舟形です。この両者のうち安定な配座はどちらでしょうか。このことを考えるため、図3.9の矢印で示した方向から見たニューマン投影式の図を示してあります。いす形では、すべてがねじれ形の立体配座になっています。しかし、舟形では、一方が重なり形になっていることがわかります。さらに，舟形では旗ざお水素と呼ばれる1位と4位の炭素に結合している水素原子が図3.9に示したように接近しているため，立体ひずみを生じています（ぶつかってしまう）。このため、いす形の方が舟形より安定します。つまり、シクロヘキサン分子においてもっとも安定な配座がいす形になります。

立体配座は、立体配置に比べたら、異性体間のエネルギーの違いははるかに小さいです。しかし、有機化学の反応においては、大変重要な役割を担っています。そのことについては、第5章の有機化合物の反応で説明します。

コラム

物質の匂いが立体構造で変わる

この章では有機化合物の構造について説明しました。分子の形の違いを、私たちは直接見ることはできませんが、間接的に分子の形の違いを知ることができます。それは、物質の匂いです。匂いを表現する言葉は主に、匂い、香り、臭気と3つあります。匂いは一般的な言葉です。香りは花の香り、柑橘類の香りなど、好ましい匂いについて使われます。一方、臭気はどちらかとば不快な匂いに使われます。

人が匂いを感じるということは、どういうことでしょうか。匂いを感じるには、匂いのもととなる有機分子が必要です。匂い分子が、鼻のところにある匂いを感じる部分（匂い受容体）に接触することから始まります。次に、この受容体から神経を伝わり脳に達し、初めて人は匂いを認識します。このとき重要なことは、匂いを感じる最終ステップは人の脳で判断しているということです。このため、匂いによっては、人により好き嫌いが出てきます。一方、私たち共通に好まれる匂いや不快に感じる匂いもあります。匂いを感じるというのは、大変デリケートなことなのです。次にあげる例は、誰でもがそう感じるような種類の匂いです。

草などを踏みしめたとき、いわゆる草の匂いがします。この匂いのもとは何でしょうか。実は、たくさんの香気物質が集まって草の匂いを与えています。この匂いに関与している多くの化合物の中でも重要な物質があります。それは、青葉アルコールと呼ばれているものです。その構造は有機化合物としては比較的簡単なもので鎖状不飽和炭化水素のシス-3-ヘキセン-1-オールです。炭素数6個からなる鎖状アルコールで、分子構造の中に二重結合が1つあります。このため、幾何異性体が存在します。その異性体は、トランス-3-ヘキセン-1-オールです。この化合物は脂肪臭を示し、シス体とは、全く異なった匂いの特徴を持っています。この2つの化合物は、図に示した分子模型からわかるように、その分子の立体的な形が大きく異なっています。このような小さな分子の構造の違いを、人は嗅覚で区別しているのです。これ以外にも、さまざまな分子の構造の違いを区別しています。

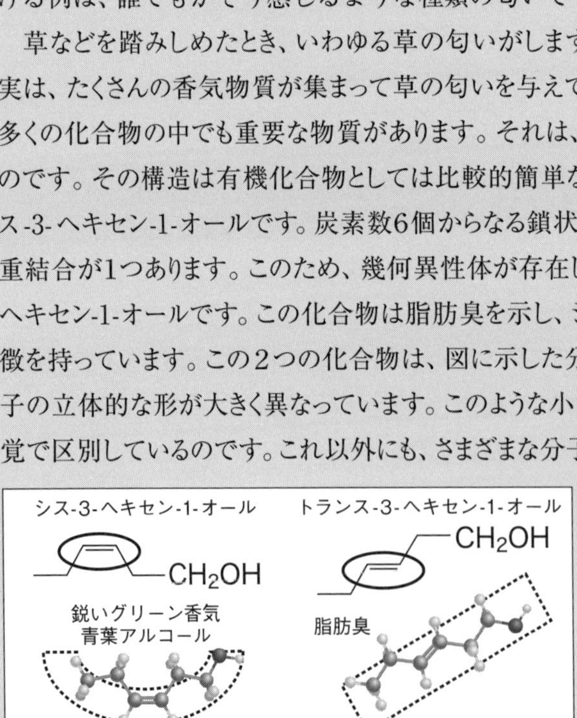

❖ 図 青葉の香りを有する有機分子シス-3-ヘキセノールとその幾何異性体

第4章

有機化合物の性質

4.1　水に溶けるものと油に溶けるもの（親水性・親油性）

ノゾミさんが…あんなチャラいやつらのサークルに入っちゃったら…
もう心配で心配で
なんだ前章ラストではあんなに　はりきっていたのに
てっきりあれでこのマンガも終了かと思った
――確かに今のキミは勇気も根性もないヘタレだが
案外加賀クンと彼女は相通じる部分もあると思うぞ

えっ…なに何？
それってどういう——
ハハハ… それは
また おいおい話そう
さて…レクチャーの続きだが
無限に生まれる
有機化合物にも「性質」の
違いや共通性がある！
たとえばこの水と油
有機化合物には水に
溶けるものと 油に溶ける
ものがあるんだ
水
油
では水の中に
砂糖を入れると
どうなるかな？
あら不思議！
見事に溶けました
…あのねぇ
そんなの
当たり前で—

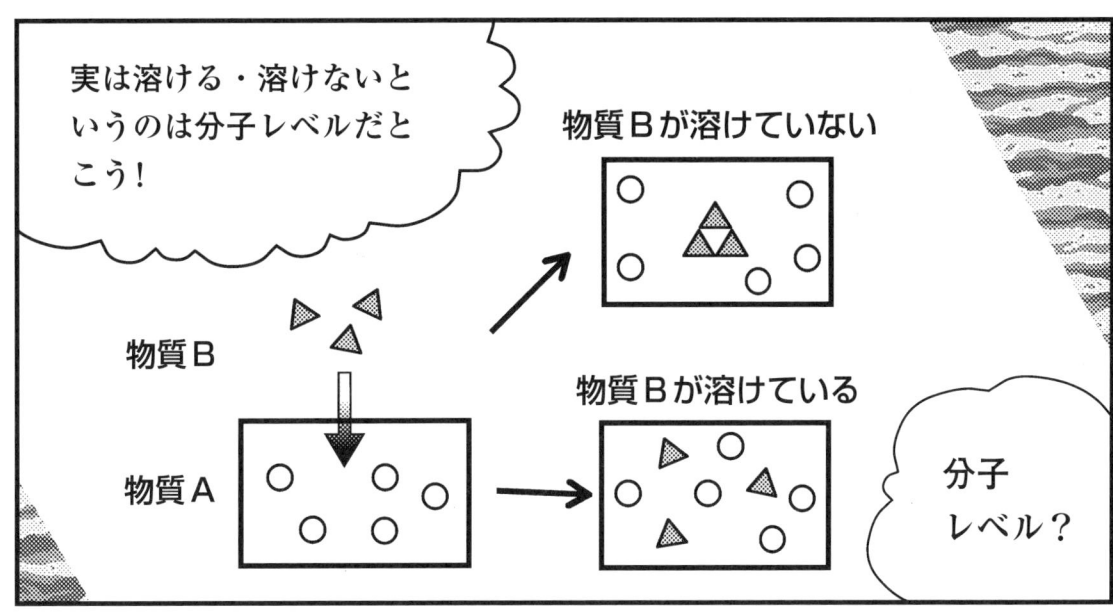

そう！ その
「当たり前」を
解きあかすのが
有機化学なんだ
じゃあ 同じように砂糖を
油に入れたらどうなる!?
油
え…えっと 考えたことも
なかったけど溶けは
しない…のかな
ビッ!!
YES!!!
実は溶ける・溶けないと
いうのは分子レベルだと
こう！
物質Bが溶けていない
物質B
物質A
物質Bが溶けている
分子
レベル？

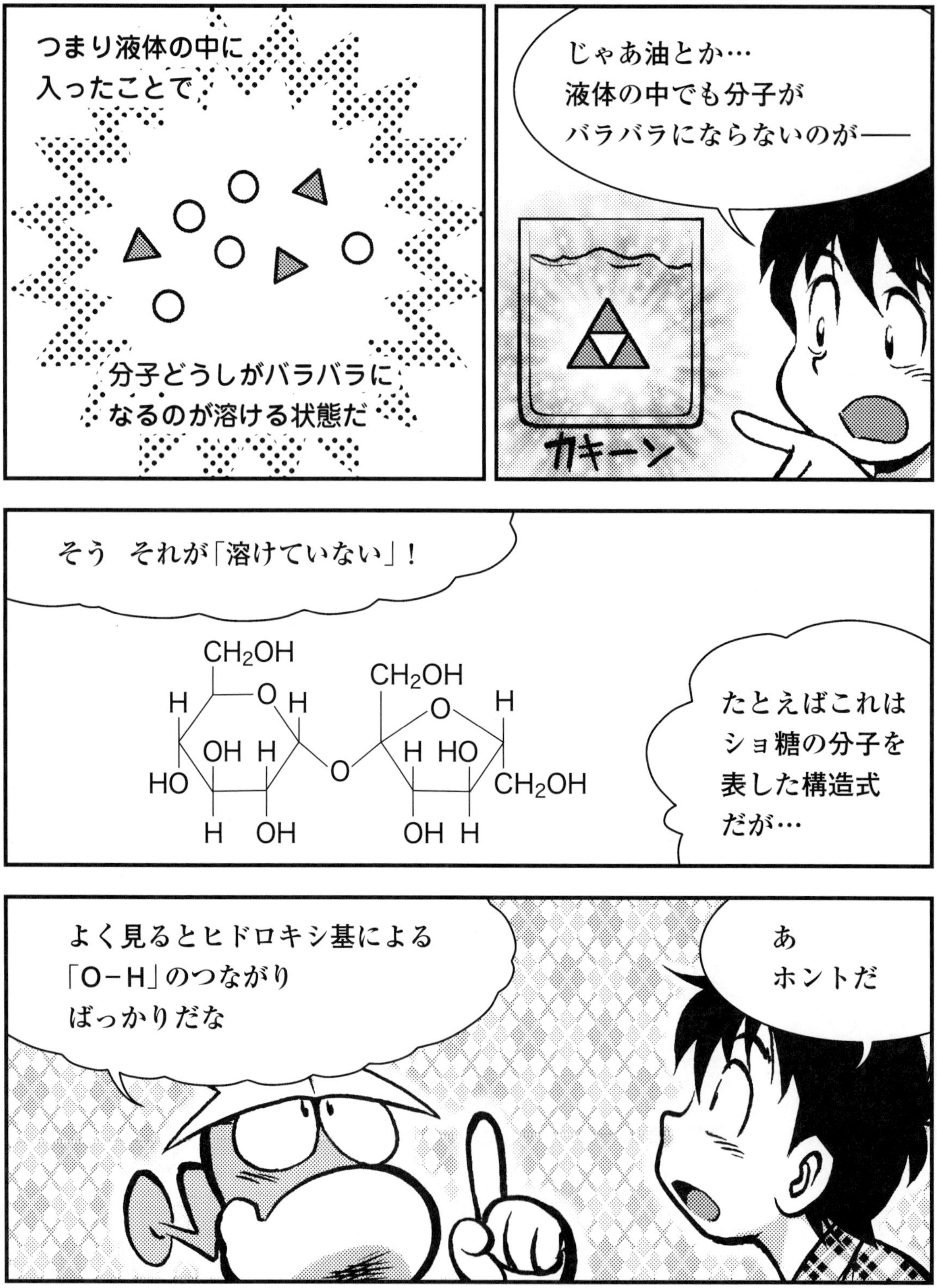

つまり液体の中に
入ったことで
分子どうしがバラバラに
なるのが溶ける状態だ
じゃあ油とか…
液体の中でも分子が
バラバラにならないのが——
カキーン
そう　それが「溶けていない」！
CH2OH
H O H
OH H
HO
H OH
CH2OH
O H
O
H HO
CH2OH
OH H
たとえばこれは
ショ糖の分子を
表した構造式
だが…
よく見るとヒドロキシ基による
「O−H」のつながり
ばっかりだな
あ
ホントだ

どころで加賀クン
「水」の化学式は？
へ？「H_2O」でしょ
その通り！　つまり水の分子も
ヒドロキシ基と同じく水素原子と
酸素原子でできている
H_2O
まぁ大ざっぱにいえば
材料の一部がほぼ同じなんで
糖は水に溶けやすいのさ
糖
水に溶けやすい
性質を「親水性」と
呼ぶが…
その逆で水に溶けにくい性質——
たとえば　ことわざにあるように
「水と油」の関係にある
有機化合物もある

これはバターを構成している
脂肪酸の1つ
オレイン酸の分子だ
COOH
親油性（疎水性）
炭素原子が
鎖状に長く
結合した構造で
ヒドロキシ基が
少ないから
水に溶けない
その一方でオレイン酸は
同じく炭化水素が
骨格になっている
石油など
他の油とは溶けあえる
オレイン酸
この性質を『**親油性**』
または『**疎水性**』と呼び
サラダ油
油どうし溶け合うことで
いろんな食用油が混ざった
サラダ油などが作れるんだ

しかしオレイン酸の中にもヒドロキシ基は含まれている
O-H
親水性と親油性を持った有機化合物は多いのだが…
分子内の「力関係」によって化合物の性質は決まってしまうんだ

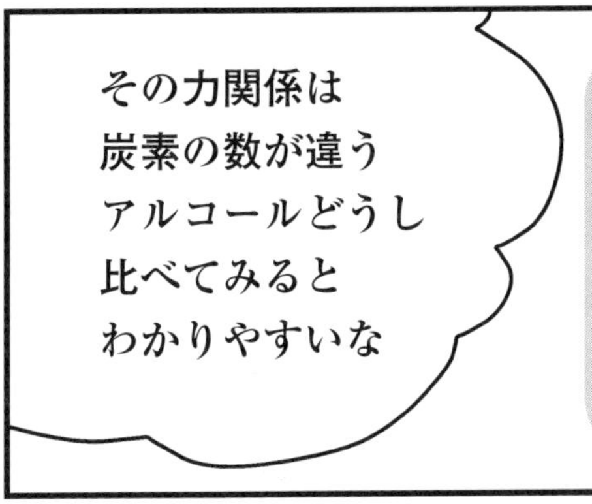
その力関係は炭素の数が違うアルコールどうし比べてみるとわかりやすいな

アルコール	化学式	溶解度※
エタノール	C_2H_5OH	よく溶ける
プロパノール	n-C_3H_7OH	よく溶ける
ブタノール	n-C_4H_9OH	8g
ペンタノール	n-$C_5H_{11}OH$	2g

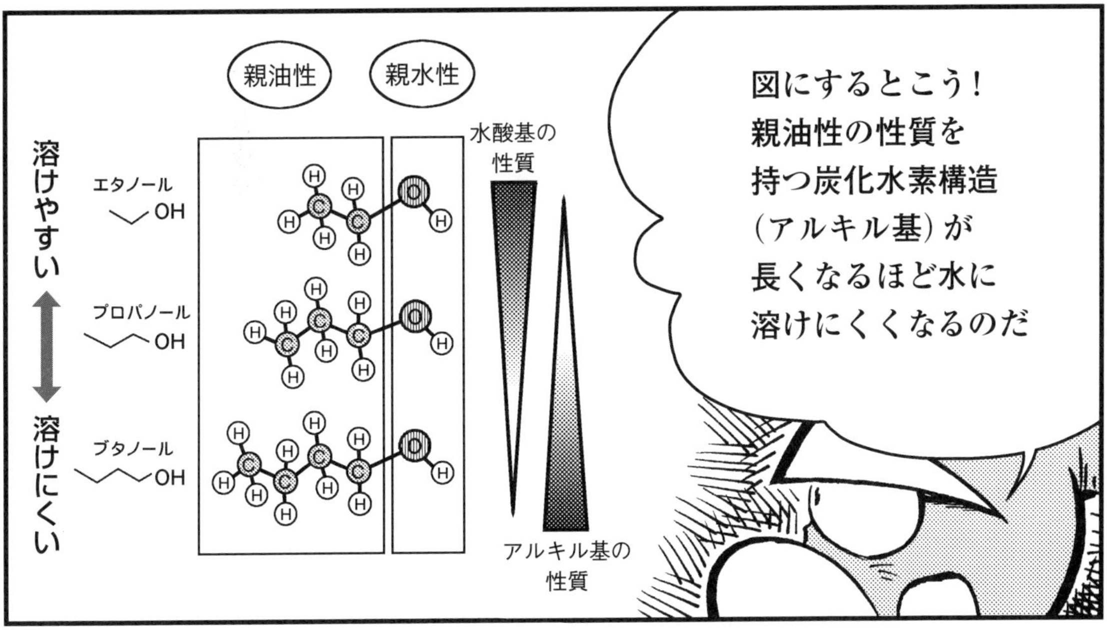
親油性
親水性
溶けやすい
溶けにくい
エタノール
OH
プロパノール
OH
ブタノール
OH
水酸基の性質
アルキル基の性質
図にするとこう！親油性の性質を持つ炭化水素構造（アルキル基）が長くなるほど水に溶けにくくなるのだ

※ 水100gに対して溶ける量をgで表したもの。

えっと…でも
糖の分子にも
炭化水素構造は
結構あったよね
だが　ヒドロキシ基の方が
たくさんいた!!
分子を構成している原子や
官能基の数の差＝力関係で
有機化合物の主な性質は決まる!!
ふーん…　つまり
「数は力なり」ってことか…
三人組
はっ!!
あああああ〜〜
ゴロゴロゴロ…

4.2 沸点の違いを生む原因（分子間相互作用・分極した結合）

どれ ついでに
有機化合物の
「沸点」や「融点」の
話でもしようか
氷が水になり
そして水蒸気になる
いわゆる物質の『**三態**』ってやつだ
これは小学校でも習うから
知ってるだろう
では なぜ
そんな変化が
起こるのか?
それは物質の変化に
よって分子レベルで
このような変化が
起こっているからだ
気体
液体
固体
つまり分子の密度が
変わったということで
分子どうし引き寄せる力を
『**分子間力**』! その影響を
『**分子間相互作用**』という!!

分子間力により
物質は固体になるが
ぎっしり!
ゴゴゴゴゴ…
そこに熱が加わると　分子は
他と寄りそうのをやめて…
それぞれが運動エネルギーを得て
分子間力を振りはらい
液体や気体に変わる!
ぐつ
ぐつ
固体から液体になる温度が『**融点**』
液体から気体になる温度が『**沸点**』だ

へえ～ 分子って
そんなシステムを
備えてるんだ…
ほわ～～
うむ 物質ごとに
沸点や融点が違うのは
分子間力の差が大きく
影響するのさ
有機化合物には分子中の
電荷のわずかな偏りのある
『**極性分子**』と
それがほとんどない
『**非極性分子**』があり
極性分子
δ－ δ＋
δ－ δ＋
（わずかなという
意味で、デルタと
読むのだ）
静電引力（クーロン力《りょく》）
極性分子の間には
電荷が引き合うことで生じる
『**静電引力（クーロン力）**』
という分子間力が働くんだ

一方　非極性分子の間に
静電引力はないが
『ファンデルワールス力《りょく》』
と呼ばれる分子間力が
生じる
ファンデル
ワールス!!
ファンデルワールス力は
静電引力より弱いが
アチョー
物質の沸点や融点を
決める重要な要因なのだ
あー　そういえば
有機化合物って
原子どうしで電子を
共有して結合するん
だったよね
その通り！
いいぞ
加賀クン!!
目の前で
立ち上がる
なーっ!!

ただ同じ原子どうしなら
電子は均等に共有
されるがー…
異なる原子どうしの結合の場合
片方に引き寄せられる
ことがある
このような性質を
『**極性**』というんだ
どうしてそう
なっちゃうの?
それは
原子に電子を
引きつけやすい
性質や
そうでない性質が
あるからさ

そういう性質をポーリングという化学者が
『**電気陰性度**』という数値で表した

周期	1族	2族	13族	14族	15族	16族	17族	18族
1	H 2.1							He
2	Li 1.0	Be 1.6	B 2.0	C 2.5	N 3.0	O 3.5	F 4.0	Ne
3	Na 0.9	Mg 1.2	Al 1.5	Si 1.8	P 2.1	S 2.5	Cl 3.0	Ar

周期表で右上に行くほど
電気陰性度も高くなる

H
δ+
δ−
C
Cl
H
分極した結合
ではそれを具体例で
説明してみよう
このような炭素と塩素の単結合の
電気陰性度は炭素が2.5 塩素が3.0だ
たかが0.5の差でも
電気陰性度としては
けっこうデカい！
だから塩素原子が結合電子を
強く引っぱる形になり——
BAR
飲みホーダイ!!
(60分)
3,000円
ポッキリ!!
H
C
Cl
そのアンバランスにより
電子がわずかに偏ると
にゅっ
ちゅ〜〜
C
e
それぞれ違う電荷（＋と－の電荷）を
わずかに持つ！
つまり分極してしまうのだ
C
Cl
＋
－
プラス
マイナス

さて　この2つの分子は
分子量は同じだが
沸点が倍以上違う
ブチルアルデヒド
O
75℃
$CH_3CH_2CH_2—C$
H
ペンタン
36℃
何故かわかるかい？
$CH_3CH_2CH_2—CH_2CH_3$
あ！　上は極性分子
なんだね
C＝Oの二重結合によって
酸素が $\delta-$　炭素が $\delta+$ と
分極し　分子間に静電引力が
働いているのさ！
せまい
その分子間力を解くための
強いパワーが熱！
静電引力を持つ極性分子の方が
分子間力は強い!!
だから極性分子の方が
沸点は高くなる
ぎっ
しり
防
御
だが固体は分子どうしが
密着しまくっているため
溶けやすさには密着度も
大きく関わってくるんだ

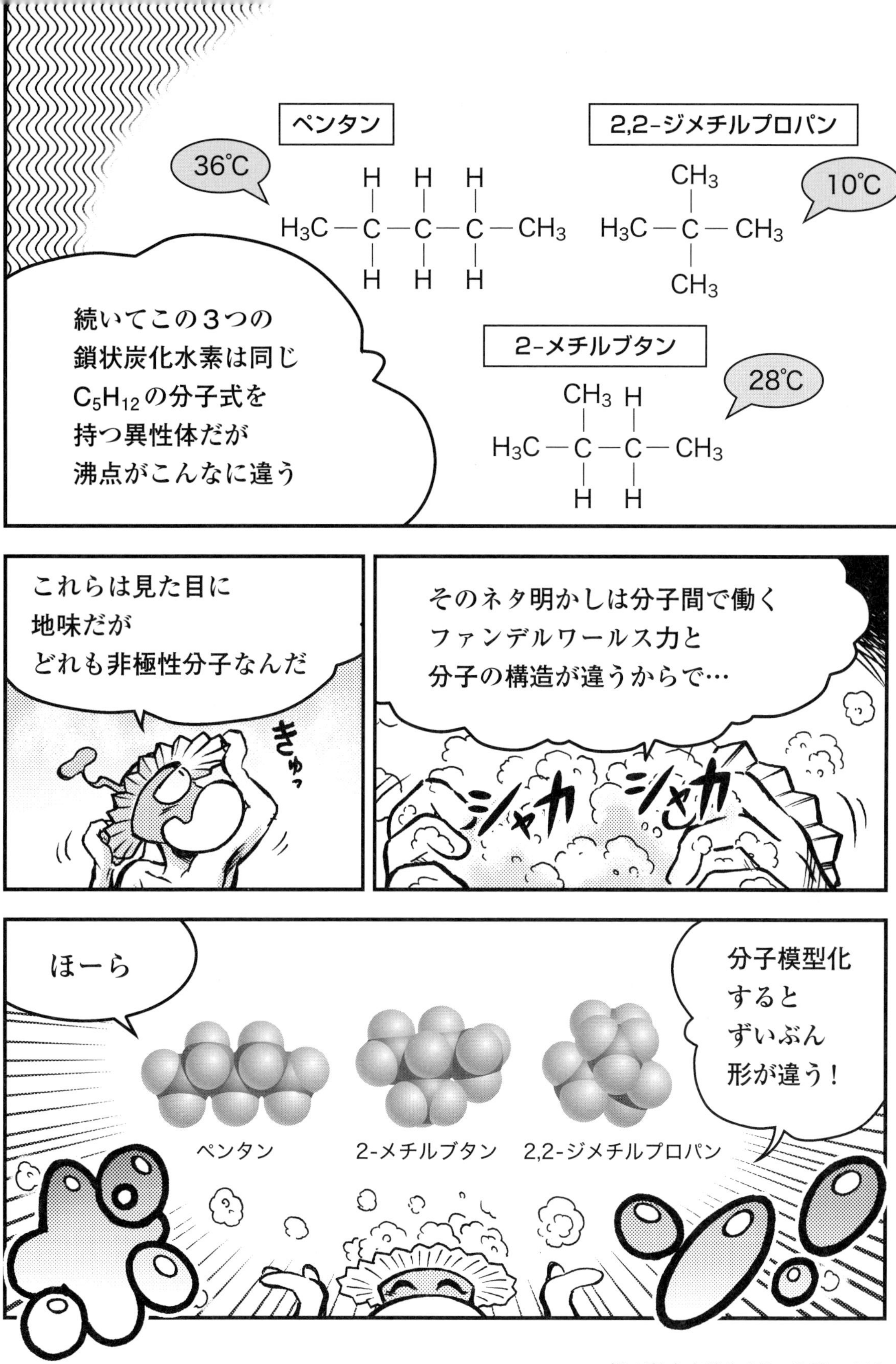
ペンタン
36℃
2,2-ジメチルプロパン
10℃
続いてこの３つの鎖状炭化水素は同じC_5H_{12}の分子式を持つ異性体だが沸点がこんなに違う
2-メチルブタン
28℃
これらは見た目に地味だがどれも非極性分子なんだ
きゅっ
そのネタ明かしは分子間で働くファンデルワールス力と分子の構造が違うからで…
シャカ シャカ
ほーら
分子模型化するとずいぶん形が違う！
ペンタン
2-メチルブタン
2,2-ジメチルプロパン

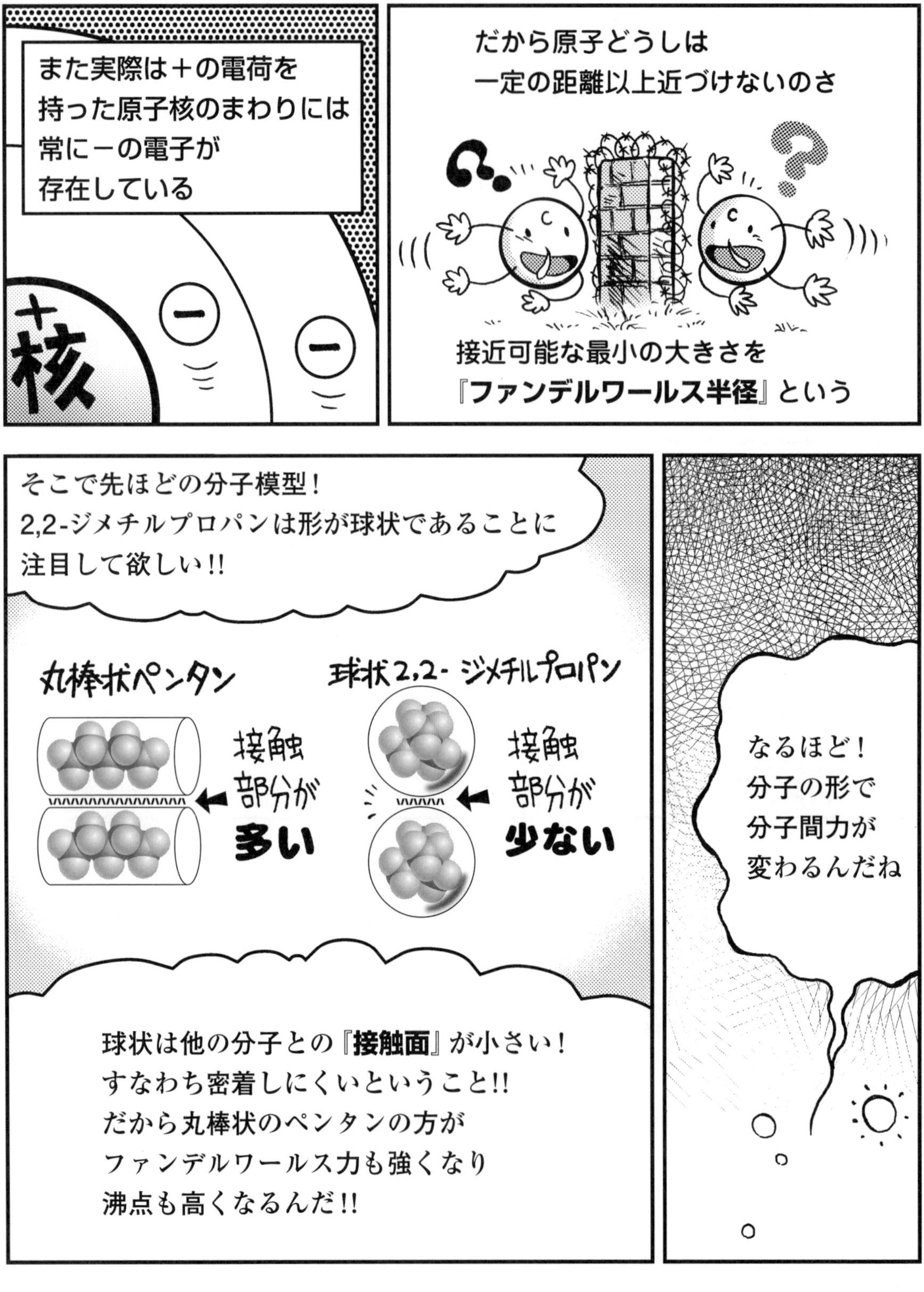
また実際は＋の電荷を
持った原子核のまわりには
常に－の電子が
存在している
核
だから原子どうしは
一定の距離以上近づけないのさ
接近可能な最小の大きさを
『ファンデルワールス半径』という
そこで先ほどの分子模型！
2,2-ジメチルプロパンは形が球状であることに
注目して欲しい!!
丸棒状ペンタン
接触
部分が
多い
球状2,2-ジメチルプロパン
接触
部分が
少ない
球状は他の分子との『接触面』が小さい！
すなわち密着しにくいということ!!
だから丸棒状のペンタンの方が
ファンデルワールス力も強くなり
沸点も高くなるんだ!!
なるほど！
分子の形で
分子間力が
変わるんだね

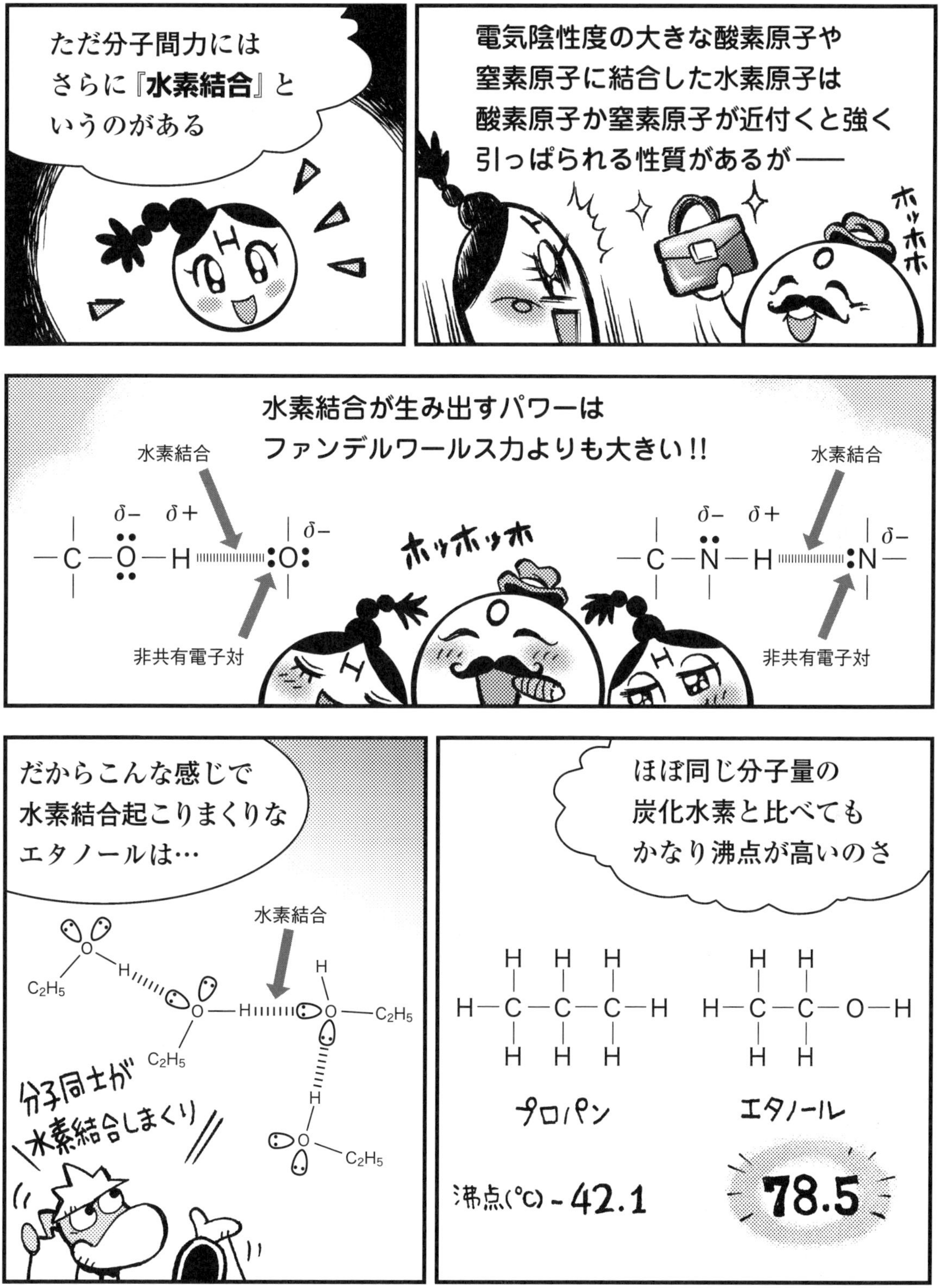
ただ分子間力には
さらに『**水素結合**』と
いうのがある
電気陰性度の大きな酸素原子や
窒素原子に結合した水素原子は
酸素原子か窒素原子が近付くと強く
引っぱられる性質があるが――
ホッホホ
H
O
水素結合が生み出すパワーは
ファンデルワールス力よりも大きい!!
水素結合
δ− δ+ δ−
—C—O—H ⋯⋯ :O:
非共有電子対
ホッホッホ
水素結合
δ− δ+ δ−
—C—N—H ⋯⋯ :N—
非共有電子対
だからこんな感じで
水素結合起こりまくりな
エタノール は…
水素結合
C_2H_5
分子同士が
水素結合しまくり
ほぼ同じ分子量の
炭化水素と比べても
かなり沸点が高いのさ
プロパン
エタノール
沸点(℃) -42.1
78.5

ちなみに水は100℃と
さらに沸点が高い
のんびり
H_2O
それは　液体では
「H－O－H」という構造の分子が
水素結合によってしっかりと
結びついているからだ
さーて！　これで
ひとまず　分子の
沸点や融点に
ついては―…
ぐつ
ぐつ
うわーっ！　さっきからどうも
静かだと思えば…
おいっ！　しっかりしろ加賀クン!!
コーヒー牛乳飲むかーっ!?

4.3 酸と塩基

ひー…
ひ〜…
いや〜 一時は
どうなることかと…
まあ本人が融解
しかかったんでは
今日はレクチャー
どころじゃないか
ハハハ…
情けないなァ…
ユウキマンからいろいろ
教えてもらうたび
自分のダメっぷりを
思い知らされるよ
もっと頑張って
勉強しなきゃ
ノゾミさんには
届かない…
……
よし！ じゃあ
この勢いで
『酸と塩基』に
ついて学ぼう
じゃないか!!

いくつかある酸と塩基についての
定義のうち

定義	酸	塩基
アレニウスの酸・塩基	H^+を出す分子	OH^-を出す分子
ブレンステッド・ローリーの酸・塩基	H^+を与える分子	H^+を受け取る分子
ルイスの酸・塩基	電子対を受け取る分子	電子対を与える分子

最近は一般的に水素イオン（H^+プロトン）の
受け渡しに注目した『**ブレンステッド・ローリーの定義**』が
使われているが――

有機化学においては
電子対メインの
『**ルイスの定義**』で考えるべきだ！
電子対？
そう！

この図はオキソニウムイオンの
生成を示している

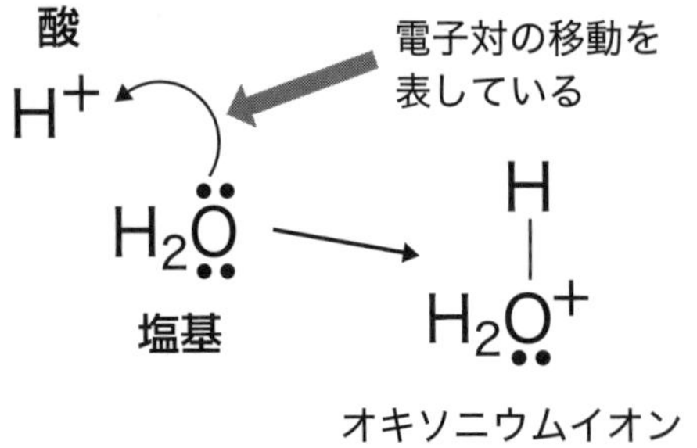
酸
H^+
電子対の移動を
表している
$H_2\ddot{O}$
塩基
H
H_2O^+
オキソニウムイオン

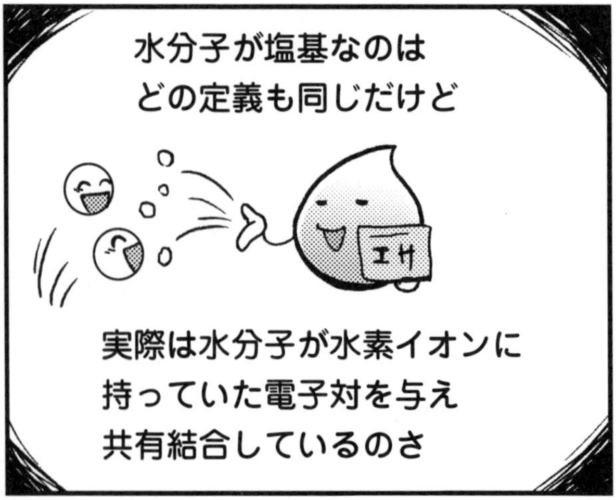
水分子が塩基なのは
どの定義も同じだけど
エサ
実際は水分子が水素イオンに
持っていた電子対を与え
共有結合しているのさ

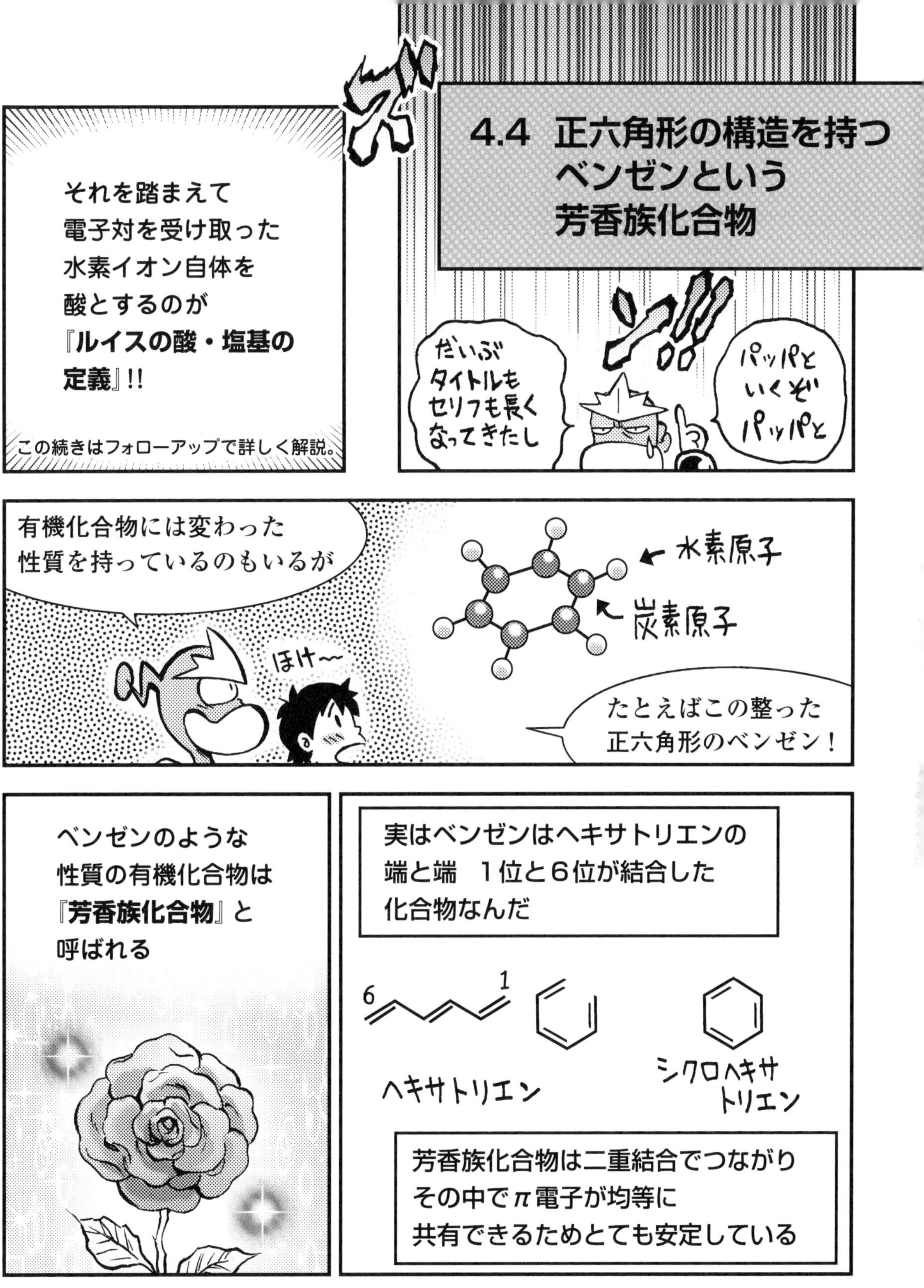

それを踏まえて
電子対を受け取った
水素イオン自体を
酸とするのが
『ルイスの酸・塩基の定義』!!
この続きはフォローアップで詳しく解説。
4.4 正六角形の構造を持つ ベンゼンという 芳香族化合物
だいぶタイトルもセリフも長くなってきたし
パッパといくぞパッパと
有機化合物には変わった性質を持っているのもいるが
水素原子
炭素原子
ほけ〜〜
たとえばこの整った正六角形のベンゼン！
ベンゼンのような性質の有機化合物は『芳香族化合物』と呼ばれる
実はベンゼンはヘキサトリエンの端と端 1位と6位が結合した化合物なんだ
6
1
ヘキサトリエン
シクロヘキサトリエン
芳香族化合物は二重結合でつながりその中でπ電子が均等に共有できるためとても安定している

うわあ… 完璧! さぞかし名の通りいい香りがするんだろうね
ほわ~~
ハヅミさんみたいに
いや! 確かに芳香族化合物にはバニラエッセンスの主成分になっている物もあるが——
ずいっ!!
決してそんな夢のような物質ではないぞ!!
それどころかベンゼンには発がん性があるといわれる
ふ~ん… 有機化合物の世界は外見だけじゃわからないものなんだね

いや… そんなのは
人間だって同じさ
むしろ勝手な想像で
突っ走りがちな我々の方が
性質《タチ》が悪い
私ですらキミの本質を
見誤るところだったからな
ううっ… 今回はキビシイなあ…
加賀クンもそう達観
できるほど 世のアレコレを
わかっちゃいないだろう?
…えっ?
上っ面の
イメージじゃない
リアルなノゾミさんを
確かめて
みようじゃないか!!
だからこそ
人も有機化学も
掘り下げるごとに
面白いんだ!

フォローアップ

ここでは、有機化合物の性質として特有なことがらについて説明します。少し理解しづらい概念ですが有機化学において重要な部分です。

酸と塩基

図4.1に示した化学反応式には、正反対の矢印が2本あります。左のA＋BからC＋Dへの矢印は、物質Aと物質Bが反応して物質Cと物質Dを生成する反応を意味し、その逆は、物質Cと物質Dが反応して物質Aと物質Bを生成する反応を示しています。その様子をおおざっぱに表現したのが図4.2です。溶液中に存在している物質Aと物質Bは絶えず、物質Cと物質Dに変化しています。一方、物質Cと物質Dも絶えず物質Aと物質Bに変化しています。つまり、2つの進行する方向が全く逆の反応が同時に起きているのです。そして、さらに、物質Aと物質Bの存在している数（物質量※）と物質C物質Dが存在している数（物質量）が一定で変化していない状態の場合、この状態を物質A,Bと物質C,Dとは平衡状態にあるといいます。そして、このような反応系を平衡系、この反応を平衡反応といい、図のように2本の矢印で表します。平衡状態にある場合には、見かけ上物質Aと物質Bの存在している数（物質量）と、物質Cと物質Dが存在している数（物質量）は変化していないので、反応していないように見えますが、実際は変化しているのです。

※モルを単位として表した粒子の量。

$$A + B \rightleftharpoons C + D$$

❖ 図4.1　平衡反応

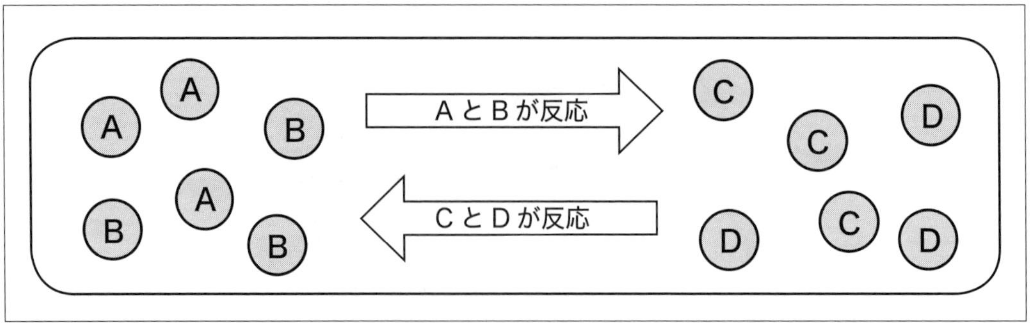

❖ 図4.2　化合物A、Bと化合物C、Dとが平衡関係にあることを示している模式図

1. 平衡を用いた酸と塩基のとらえ方

図4.1の平衡状態を表す尺度として式1に示した平衡定数Kが使われます。[ ]はそれぞれの物質の濃度（その系に存在している分子の数）のことで、通常モル濃度が使われています。つまり、[A]というのはこの平衡系での物質Aのモル濃度を示しています。また、式1において、図4.1の平衡反応式の左側の物質を分母に、右側の物質を分子に書きます。平衡状態にあれば、見かけ上物質A,Bおよび物質C,Dの濃度には変化は見られません。しかし、温度を変えると、物質A,Bから物質C,Dへの変化の割合（速度）が、物質C,Dから物質A,Bへの変化の割合（速度）より大きくなります。その結果、物質A,Bの濃度が減少し、物質C,Dの濃度は増加します。そして、あるところで、見かけ上物質A,Bおよび物質C,Dの濃度に変化が見られなくなります。このときのKの値はもとの値より大きくなります。このような状態の変化を、この平衡系の平衡は「右に移動した」と表現します。この変化は逆の場合もあります。いずれにしても、通常、温度が一定な状態で、この平衡系に外からA,B,C,D以外の物質が入ってこなければKの値は一定になります。つまりKの値は温度によって決まる定数です。有機化学では、この平衡の考え方で、その酸性や塩基性を考えます。有機化合物の酸と塩基は、図4.1の物質Aと物質Bに相当します。このことを具体的な分子で考えてみましょう。

（式 1）
$$K = \frac{[C][D]}{[A][B]}$$
[A] はAのモル濃度

酸性の物質といったら硫酸H_2SO_4、塩基性の物質といったら水酸化ナトリウムNaOHが思い浮かぶと思います。いずれも無機化合物です。水に溶けると、極めて高い酸性度や塩基性度を示します。一方、有機化合物でも酸性の物質としてよく知られているものに酢酸があります。しかし、その酸性度は硫酸などに比べたらケタ違いに小さいものです。そのことを、酢酸を水に溶かした時の状態を考えることによって説明しましょう。通常、硫酸などの酸性の無機化合物は水の中では100％電離しています。つまり、H_2SO_4という分子の状態では存在せず、イオン（HSO_4^-、SO_4^{2-}そしてH^+など）になっています（図4.3）。

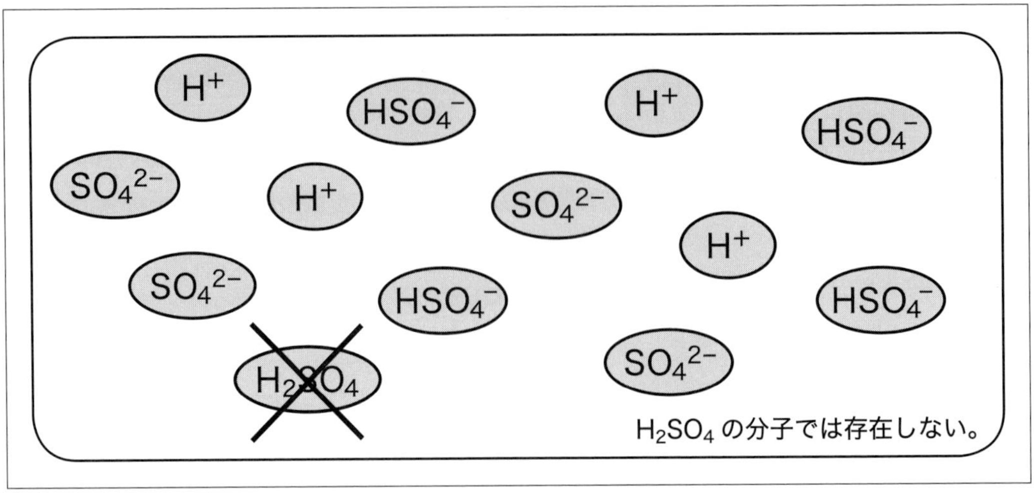

❖ 図 4.3　水溶液中の硫酸分子の状態

一方、酢酸などの有機化合物では図4.4のように水分子との間で平衡状態で存在しています。ほとんどが酢酸の分子のままで、一部が、水と反応して（この場合、水はH^+を受け取る塩基の働きをしている）、酢酸イオンCH_3COO^-とオキソニウムイオンH_3O^+を生成しています。つまり、すべての酢酸分子が酢酸イオンにはなっていないということです。

酸	塩基		共役塩基	共役酸
CH_3COOH	$+ \ H_2O$	$\rightleftharpoons$	CH_3COO^-	$+ \ H_3O^+$
酢酸	水		酢酸イオン	オキソニウムイオン

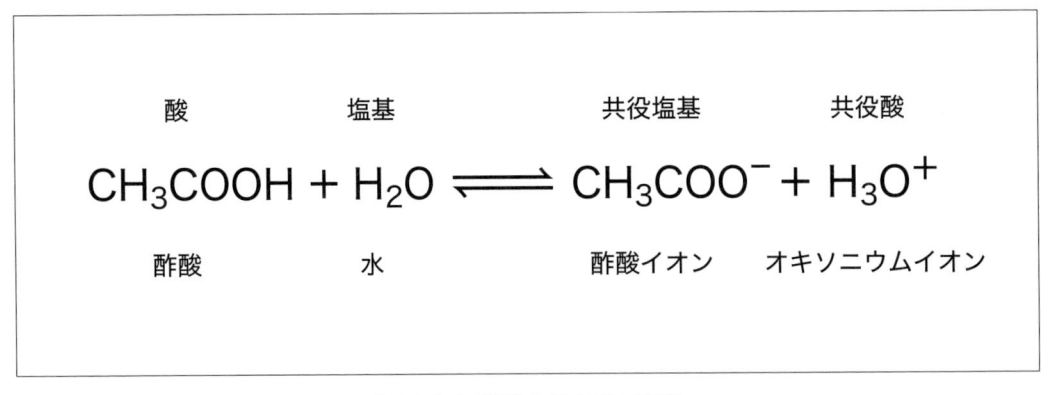

❖ 図 4.4　酢酸の酸塩基の関係

2.　酸解離定数

酢酸と水の平衡状態は式2の平衡定数Kで記述することができます。CH_3COOHは酢酸のモル濃度を示します。平衡が右辺に行くほど図4.4の式における酢酸イオンとオキソニウムイオンの濃度が高くなる、つまりKの値が大きくなります。一方、Kの値が小さくなるということは平衡が左辺に偏るということになります。

（式 2）

$$K = \frac{[CH_3COO^-][H_3O^+]}{[CH_3COOH][H_2O]}$$

ところで図4.4のような、私たちが考えている平衡系は、水に少しの酢酸を加えた時に、酢酸分子が水分子と反応して、酢酸イオンとオキソニウムイオンになり、平衡状態となっている系です。つまり、水分子が酢酸分子に対して比較にならないほど大量に存在している状態なのです。このような平衡系では、酢酸分子との反応に関与している水分子よりも、酢酸との反応には関与していない水分子が圧倒的に多く存在していますので、図4.4の平衡系においては、水の量は見かけ上まったく変化していないといえます。したがって、分母の大きさの変化は酢酸の濃度の変化とみることができます。つまり、水分子の濃度$[H_2O]$はほとんど変化していないとみなすことができるため、$[H_2O]$を左辺に移行して$K[H_2O]$を用いてこの系の平衡の状態を記述します。この$K[H_2O]$をK_aと書いて酸解離定数と呼んでいます。Kの添え字のaはacid（酸）を意味しています。

（式 3）

$$K_a = K[H_2O] = \frac{[CH_3COO^-][H_3O^+]}{[CH_3COOH]}$$

（式 4）

$$pK_a = -\log K_a$$

ここで、なぜlogにマイナスがつくのでしょうか。このような平衡系で関与している物質のモル濃度（mol/L）は、非常に小さく、10のマイナス何乗という値をとっています。このように解離定数は極めて小さい値です。そこで取り扱いやすくするため、通常その常用対数の符号を変えたもの（多くは正の値となる）を用います。式4で定義されるpK_aという値がこの平衡系を記述するのに使われています。

3. ブレンステッド・ローリーの酸・塩基の定義

さて、再び図4.4の酢酸の酸性度の話に戻ります。酢酸が水の中で酸性を示すということは、酢酸が水分子にH^+を与える能力があるということになります。一方、水分子はH^+

を受け取ることができるということです。このようなH^+の授受が成立する場合、H^+を与える分子を酸、H^+を受け取る分子を塩基といいます。このような酸塩基の定義をブレンステッド・ローリーの酸・塩基の定義といいます。酢酸は、H^+を完全に水分子に与える力はありません。しかし、ある程度は与えることができます。その程度は先に述べたpK_aという数値で表します。有機化合物では、このように水分子との間で酸塩基平衡が存在しています。その平衡が右に行くほど強い酸ということになります。図4.4の平衡式の右辺についてみてみましょう。酢酸イオンはオキソニウムイオンからH^+を受け取っています。また、オキソニウムイオンは酢酸イオンにH^+を与えています。つまり、ブレンステッドの酸・塩基定義では、酢酸イオンは塩基として、オキソニウムイオンは酸として働いていることになります（図4.5）。このような場合、図のように元の酸、塩基に対して共役塩基、共役酸と呼んでいます。このように、有機化合物における酸塩基は酸性分子と塩基性分子との間のH^+の授受の平衡として理解されます。また、塩基解離定数をK_b（添え字のbは塩基base）といいます。

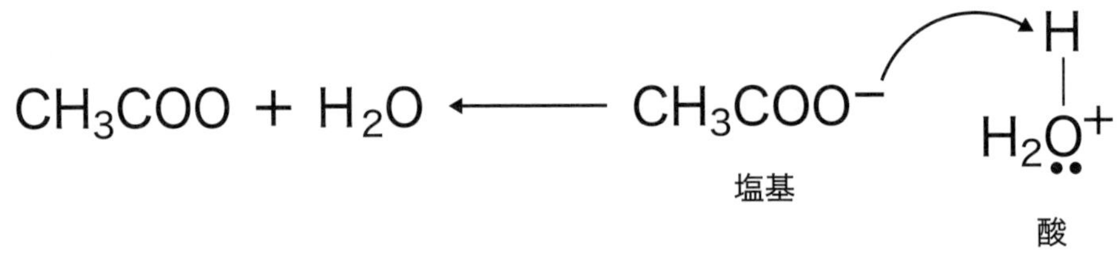

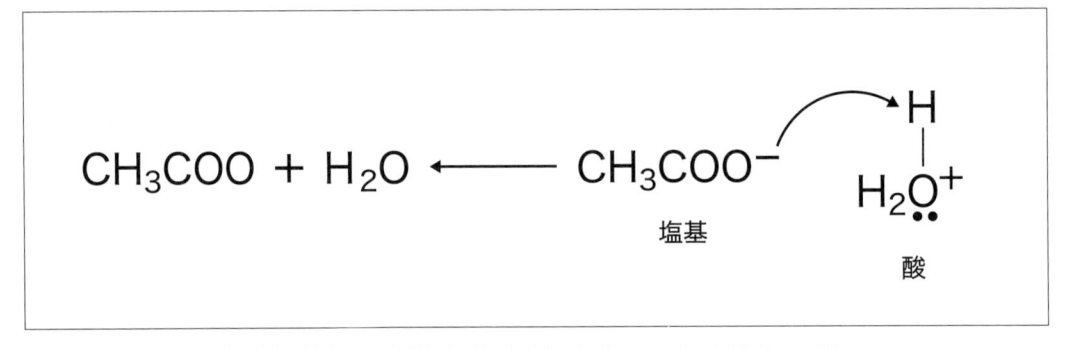

❖ 図4.5　酸、塩基としての酢酸イオンとオキソニウムイオン

4.　ルイスの酸・塩基の定義

酸と塩基をH^+の授受ではなく別の観点でのとらえ方があります。ルイスの酸・塩基の定義といわれるものです。まず、図4.4でのオキソニウムイオンの生成について考えてみましょう。水分子H_2OとプロトンH^+とが反応してH_3O^+が生成します。水分子はH^+を受け取っていますから、ブレンステッド・ローリーの酸・塩基の定義でたしかに塩基です。ところで、水分子はその構造のどの部分でH^+を受け取っているのでしょうか。図4.6のように水分子に酸素原子の非共有電子対にH^+が付加（配位ともいう）してH_3O^+が生成されます。つまり、水分子が新たに形成されるO−H結合に電子対を供与していることになります（ルイス塩基）。逆に、H^+は電子対を受けとったかたちになっていますので、酸と考えます（ルイス酸）。このように電子対の授受によって（H^+の授受ではなく）酸塩基を規定し

ます。これがルイスの酸・塩基の定義です。この定義によって、ブレンステッド・ローリーの酸・塩基の定義よりももっと広く分子について酸と塩基の考えを適応することができるようになります。この考えは、有機化学においては大変に重要なものです。

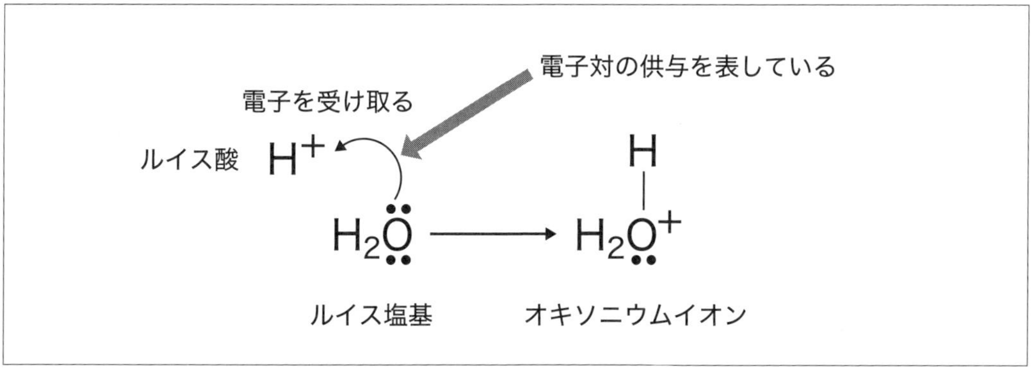

❖ 図 4.6 ルイス酸、塩基としてのプロトンと水分子

ここで述べた酸塩基の定義以外に皆さんがよく知っている酸と塩基の定義があります。初めて酸と塩基を学ぶときに使われているのが、アレニウスの酸・塩基の定義です。酸は、ブレンステッド・ローリーの酸・塩基の定義と同じですが、塩基はアレニウスの定義では OH^- を出す分子と定義されています（表4.1）。しかし、今まで述べてきたように酸と塩基は対で考えるべきものです。つまり OH^- を出すというのは OH^- が H^+ を獲得する働きが強いことと同じですから、ブレンステッド・ローリーの酸・塩基の定義に含まれます。したがって、現在では、ブレンステッド・ローリーの酸・塩基またはルイスの酸・塩基の定義が使われています。

❖ 表 4.1 いろいろな酸・塩基の定義

定義	酸	塩基
アレニウスの酸・塩基	H^+ を出す分子	OH^- を出す分子
ブレンステッド・ローリーの酸・塩基	H^+ を与える分子	H^+ を受け取る分子
ルイスの酸・塩基	電子対を受け取る分子	電子対を与える分子

ベンゼンの構造

ヘキサトリエンとは、3つの二重結合が隣接して共役している化合物です。ところで、ベンゼンという化合物は、図4.7で示したようにヘキサトリエンの末端の1位と6位が結合したものです。図のように環状になることによって1位と6位の間にも軌道の重なりによる共役が生じます。つまり、環状になることによって、二重結合に関与しているπ電子を環全体で共有することが可能になります。その結果、環全体で6個のπ電子を均等に共有して結合を形成するようになります。このような現象によって、単なる共役ではなく強固なつながりが生まれます。これが芳香族性のもとです。

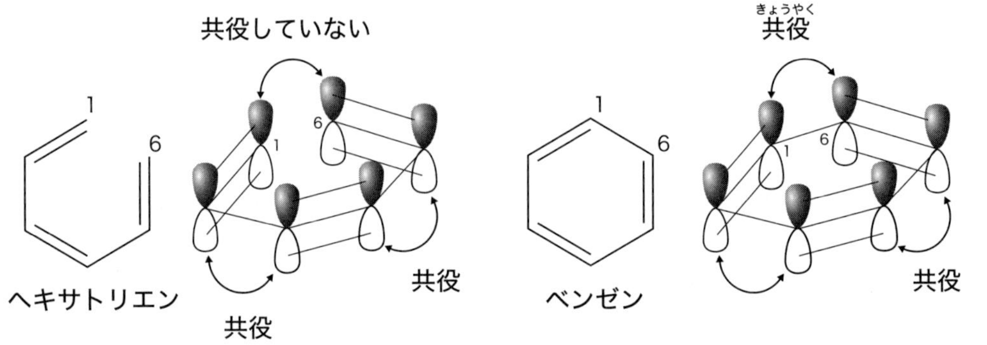

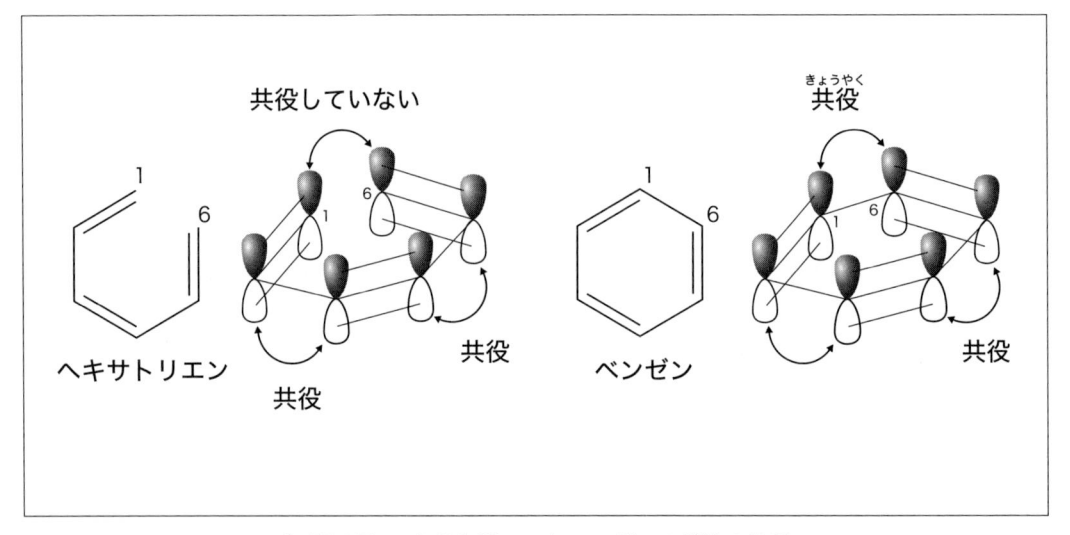

❖ 図4.7　ヘキサトリエンとベンゼンの構造の比較

このような状態のベンゼンの構造は第2章で述べた共鳴の考え方を用いて、図4.8 (A) のように表現されます。ベンゼンは、(A) の右の構造でも左の構造でもなく、2つの構造を併せ持った構造を有しています。注意するところは、ベンゼンは図4.8の (A) で示された構造のどちらでもない唯一の構造を持っていることです。このような構造を表現するのに図4.8の (A) のように書きます。ところで、ベンゼンの分子の表記方法はもう一つ存在します。共役によってπ電子が環状に均等に分布していることを示して図の (B) のように表現します。(A) と (B) のどちらで表現しても構いません。ただし、一般的には、(A) の表現の場合には、(A) の一方の構造式だけでベンゼン環の構造は書かれます。

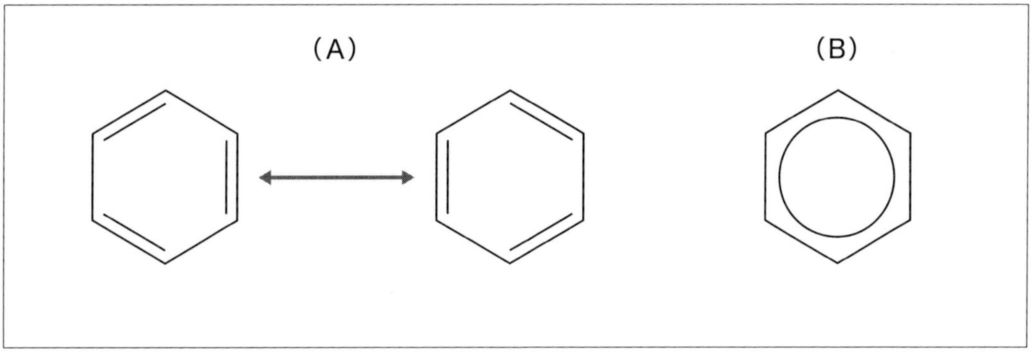

❖ 図 4.8　ベンゼンの構造の表示方法

ケトーエノール互変異性って何

図4.9の左の化合物は、ケトン※（C=O）構造が炭素1つを挟んで存在している1,3-ジケトンという構造を有しています。この化合物は、実は図で示したようにエノール構造の化合物に変化して存在しているものもあります。つまり、ケトン構造の化合物とエノール構造の化合物とが平衡の関係で存在しています。この平衡系では、室温でケトン構造が24％、エノール構造が76％の割合で存在していることがわかっています。

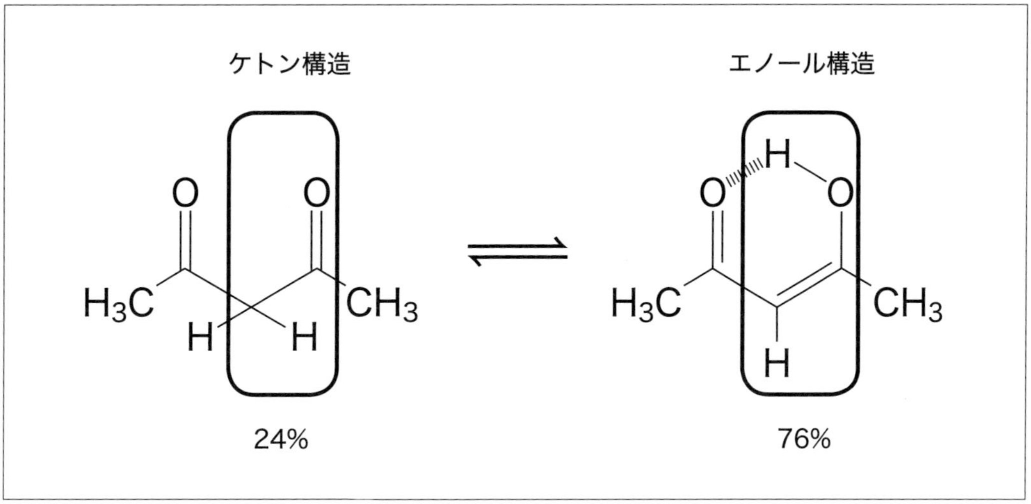

❖ 図 4.9　ジケトンの 2 つの構造異性体の間の平衡

※ カルボニル基に2個の炭素原子が結合している化合物をケトンと呼ぶ。

このようなケトン構造（ケト形）を有する化合物とエノール構造（エノール形）を有する化合物との間の平衡関係を一般的に表すと図4.10のようになり、このような平衡関係をケト－エノール互変異性と呼んでいます。

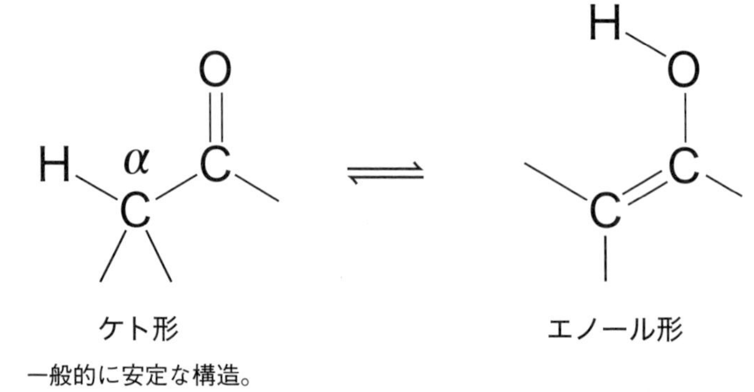

❖ 図 4.10　ケト–エノール互変異性

このケト－エノール互変異性は、図4.9のような特別な系にだけしか見られない現象ではなく、図4.10のようにC=Oのとなりの炭素（α位の炭素）に水素原子が存在すれば起こりうる現象です。ただし、一般的には、ケト形の方がエノール形よりも安定なため、図4.11のように圧倒的にケト形で存在しています。しかし、エノール形との間に平衡が存在していることから、化学反応において重要な役割を果たしています。

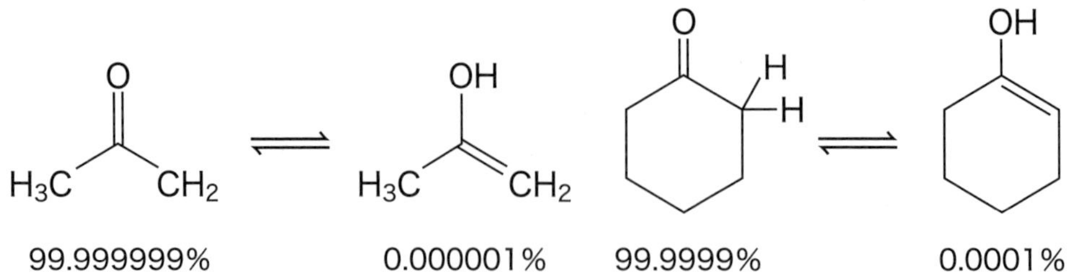

❖ 図 4.11　ケト－エノール互変異性の具体例

コラム

香りの物質は脂溶性

花の香りや木の香り、疲れたときにほっとしますよね。私たちが香りを感じるのは香りのもととなる物質があるからです。その代表的なものがテルペン類と呼ばれる疎水性の一群の有機化合物です。イソプレンという炭素の数が5個の不飽和炭化水素が生体の中で2つ3つとくっつくことでできる天然に存在する有機化合物です。以下の図にはイソプレンが2つ付いた炭素数10個のテルペン類（モノテルペンと呼ばれる）の代表的な香気を持つ有機化合物をあげてあります。ピネン類は、主に木の香りのもとの成分で、リモネンは、レモン、グレープフルーツ、オレンジ、などの柑橘類の香りの主成分です。また、リナロールやゲラニオールは、花の香りを与える物質です。これら化合物は炭化水素からできているかもしくは炭化水素構造部分の占める割合が大きいです。したがってこれらの物質は油と仲がいい、水にあまり溶けない物質です。そのため、水に無理やり混ぜておくと徐々に蒸発していきます。匂いの物質が蒸発して鼻まで来なくては匂いは感じられません。匂い分子が脂溶性であるからこそ、私たちは香りを楽しむことができるのです。

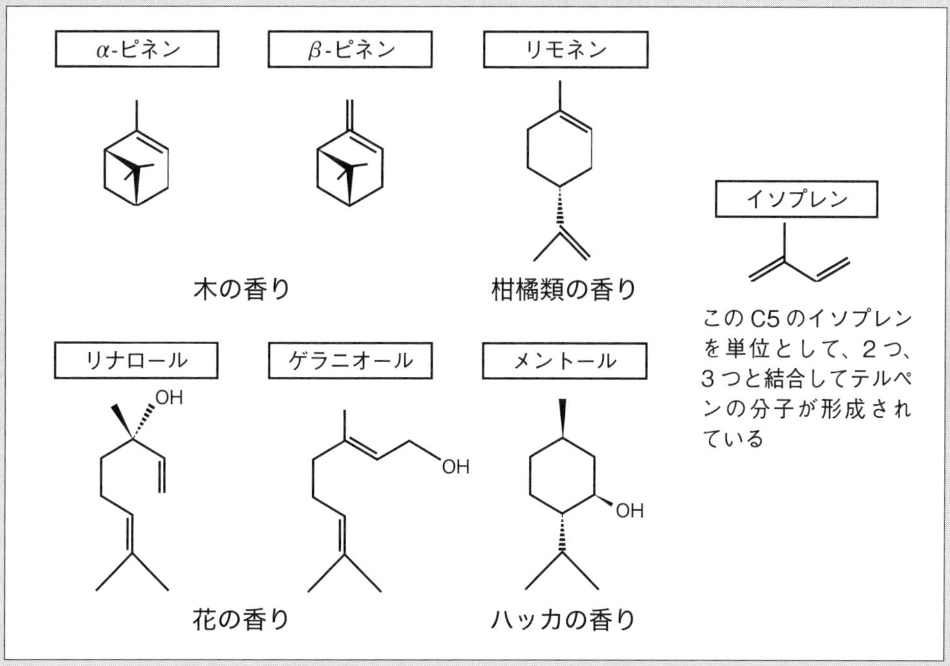

❖図　木、花、柑橘類の香りのもととなっている代表的テルペン類

第5章

有機化合物の反応

5.1 有機化合物はさまざまな反応で別の分子に変わる

ガッ
ガッ
ガッ
ようやく母星と連絡がとれてね
明晩にも私の星の宇宙船が到着するらしい
緊急事態とはいえ加賀クンには本当に世話をかけたな
当然キミには感謝している
メゾン ド
そこで 礼のついでに 私も この奇妙な地球《ほし》の 不思議な人間について 確かめてみたいことがあるんだ

キミに度胸と
勇気を授けよう
これが私からの
ラスト・レクチャーだ！

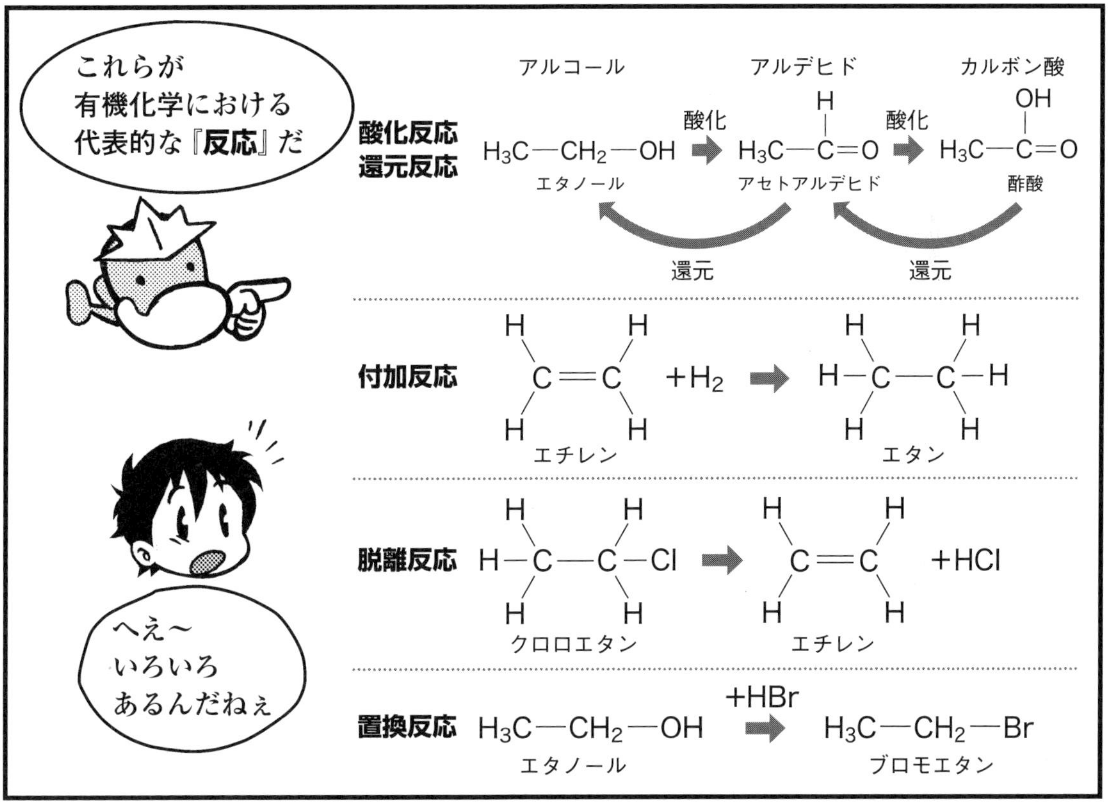
これらが
有機化学における
代表的な『反応』だ
酸化反応
還元反応
アルコール
アルデヒド
カルボン酸
酸化
酸化
H3C—CH2—OH
H3C—C(H)=O
H3C—C(OH)=O
エタノール
アセトアルデヒド
酢酸
還元
還元
付加反応
C=C +H2
H—C—C—H
エチレン
エタン
脱離反応
H—C—C—Cl
C=C +HCl
クロロエタン
エチレン
置換反応
H3C—CH2—OH
+HBr
H3C—CH2—Br
エタノール
ブロモエタン
へえ～
いろいろ
あるんだねぇ

なーに
今のキミなら そう
難しくはないさ
まずは
『酸化反応』と
『還元反応』

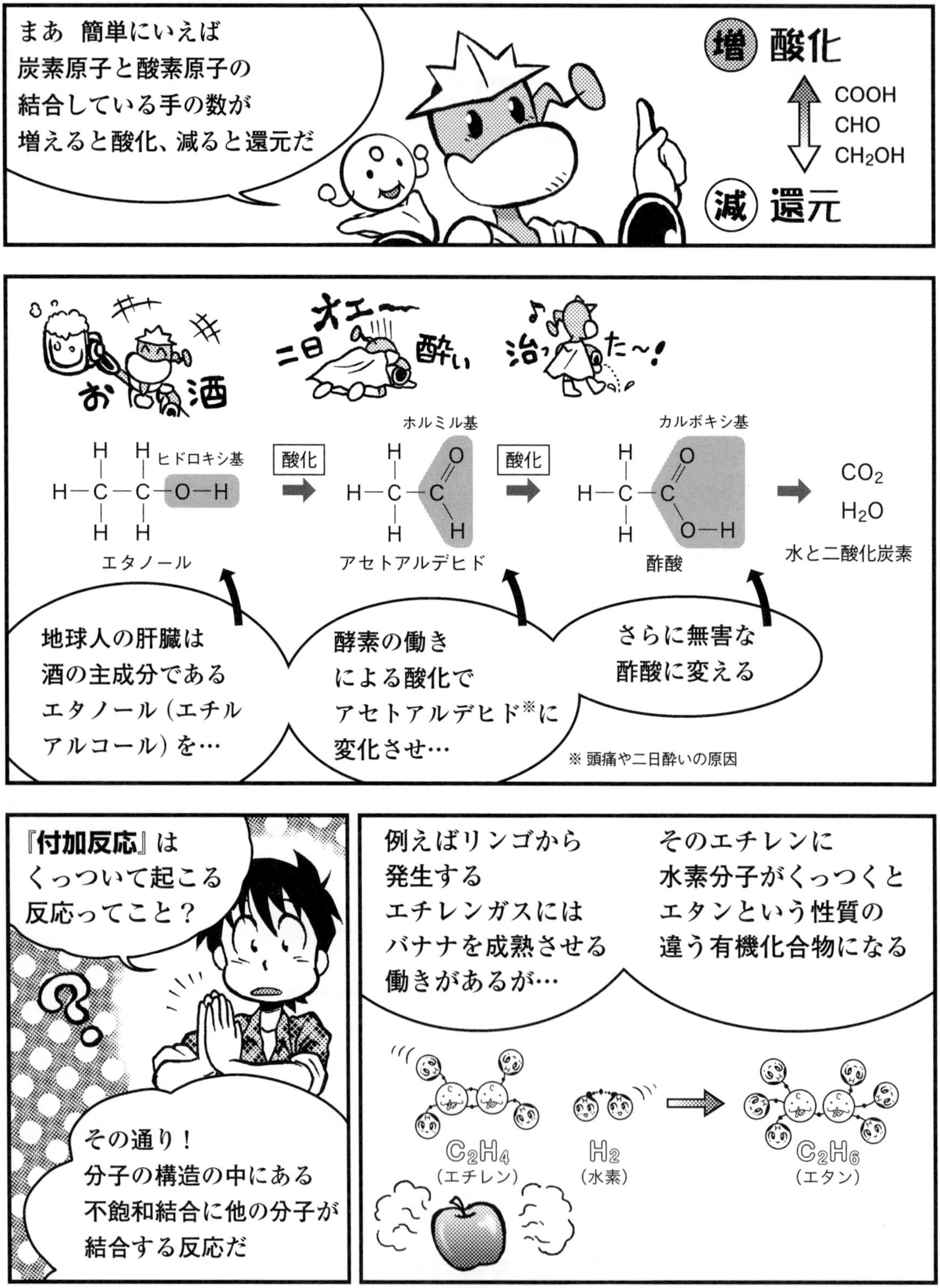

まあ　簡単にいえば
炭素原子と酸素原子の
結合している手の数が
増えると酸化、減ると還元だ
増　酸化
$COOH$
CHO
CH_2OH
減　還元
お酒
オエ〜
二日酔い
治った〜！
ヒドロキシ基
エタノール
酸化
ホルミル基
アセトアルデヒド
酸化
カルボキシ基
酢酸
CO_2
H_2O
水と二酸化炭素
地球人の肝臓は
酒の主成分である
エタノール（エチル
アルコール）を…
酵素の働き
による酸化で
アセトアルデヒド※に
変化させ…
さらに無害な
酢酸に変える
※ 頭痛や二日酔いの原因
『付加反応』は
くっついて起こる
反応ってこと？
その通り！
分子の構造の中にある
不飽和結合に他の分子が
結合する反応だ
例えばリンゴから
発生する
エチレンガスには
バナナを成熟させる
働きがあるが…
そのエチレンに
水素分子がくっつくと
エタンという性質の
違う有機化合物になる
C_2H_4
（エチレン）
H_2
（水素）
C_2H_6
（エタン）

付加反応の
逆ともいえるのが
『**脱離反応**』で…
塩素化合物（塩化物）※から
塩化水素が脱離すると
エチレンが生成される
（塩素化合物）
Cl
抜け落ちる
C_2H_5Cl（クロロエタン）
C_2H_4
（エチレン）
HCl
（塩化水素）
そこまでは
すごくピンと来るけど…
この『**置換反応**』ってのは？
置換反応
置換、つまり
特定の原子や原子団が
別の原子や原子団と
置き換わる反応だ
有機分子の
いたるところで起きる
こともあれば部分的に
起こることもある
Cl
O
H
例えばこのエタノールの
ヒドロキシ基が
臭素原子に置き換わると
臭素化合物（臭化物）になる
O—H
ヒドロキシ基
ひょい
H H
H—C—C—Br
H H
ブロモエタン
ざっくりいえば
水によく溶ける
エタノールが
置換反応によって
水に溶けにくい臭化物に
変化するということだ
OHは
親水性
だもんね…

※ ハロゲン原子（F, Cl, Br, I）を有する有機化合物を総称してハロゲン化物という。そして、たとえば塩素原子Clを有している化合物を塩素化合物（塩化物）という。ハロゲンは52ページ参照。

…と　このように
見てきた反応だが、
有機化合物の変化は
主に官能基そのものが
反応して変わる
パターンと
反応
にゅ
電子カモン！
e
基本骨格構造
官能基
官能基が基本骨格構造と
作っている結合の
電子の偏りを誘発し
官能基がまるごと
別の原子または官能基と変わる
パターンぐらいしかない
反応
e
基本骨格構造
官能基
反応の例はいろいろあるが
基本のルールさえ知れば！
最終的にどんな有機化合物になるか
どんな結果になるのか
だいたい予想がつくのだ！
なるほど…
彼女のことも
ちゃんと知ることで
望む反応が
起こるかもしれない
ハッ!!

行け
加賀クン！
キミは反応を
学んだのだ！
カッ
カッ
フフフ…
いいぞ加賀クン
ずん
ずん
ガヤ
ガヤ
え～っ
ノゾミ
テニスサークルに
入るのォ？
ううん～!!
まだ全然
そこまでは…
そのままの気合いで
一気に突き進め！
私もここから
応援しているぞ!!

でも今夜の
イベントくらいは
顔出して
みようかなって
え～～
気をつけなよ～
ワイ
ワイ
やだ～～！
な…なんという
間の悪い
おーい加賀クン！
彼女はこっちだ
戻ってこーい!!
とっ…突然すみません！
どうしても告白して
おきたいことが…!!
ガラッ!!
あれ？

5.2 炭化水素の反応

ザワ..
ザワ..
スパコーン!!!
かーっ! まいったね こりゃ
おーすっげェ! ノゾミちゃん 連続ストライク!!
スタア☆ボウリング
カラオ

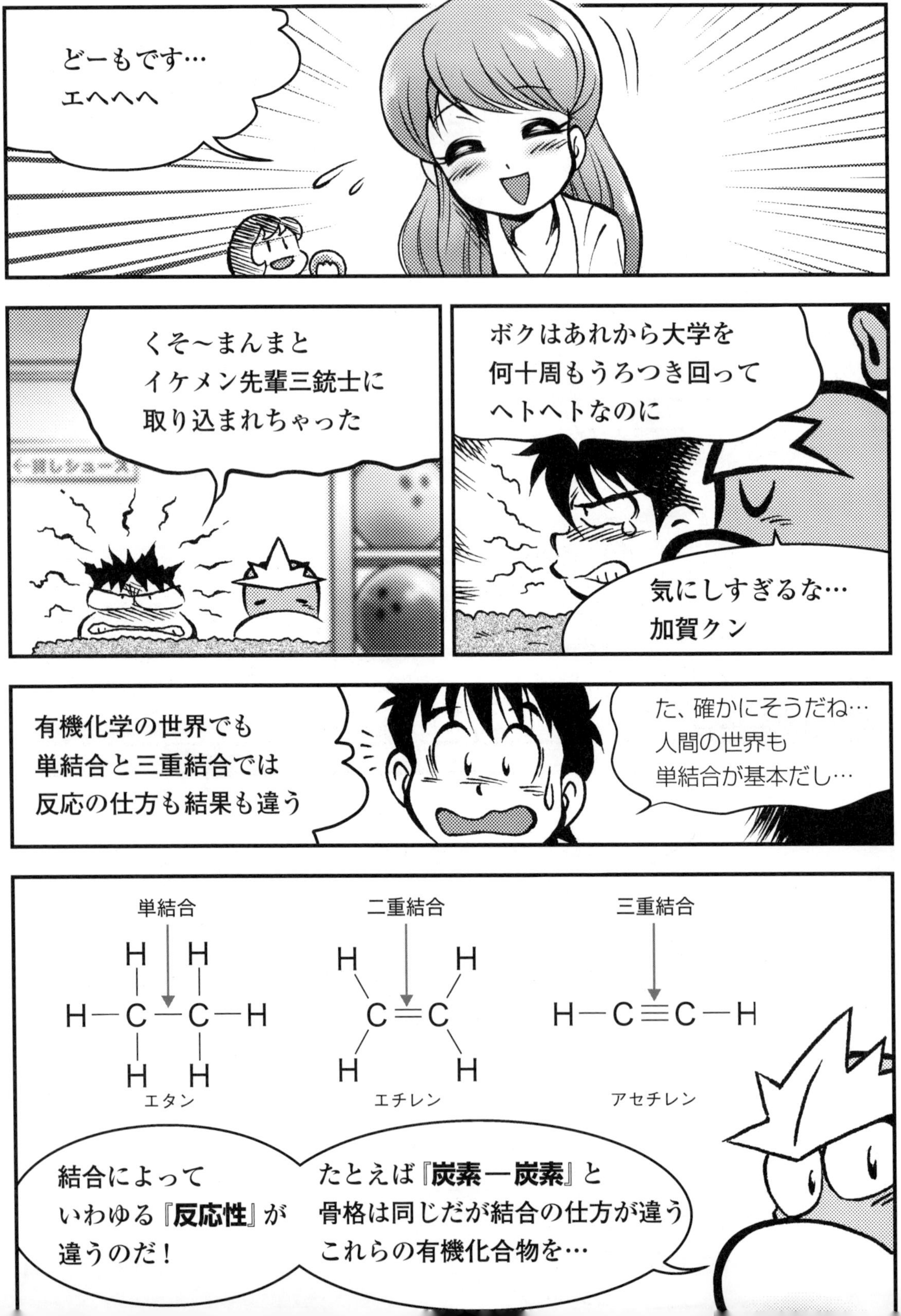
どーもです…
エへへへ
くそ～まんまと
イケメン先輩三銃士に
取り込まれちゃった
ボクはあれから大学を
何十周もうろつき回って
ヘトヘトなのに
気にしすぎるな…
加賀クン
有機化学の世界でも
単結合と三重結合では
反応の仕方も結果も違う
た、確かにそうだね…
人間の世界も
単結合が基本だし…
単結合
エタン
二重結合
エチレン
三重結合
アセチレン
結合によって
いわゆる『反応性』が
違うのだ！
たとえば『炭素ー炭素』と
骨格は同じだが結合の仕方が違う
これらの有機化合物を…

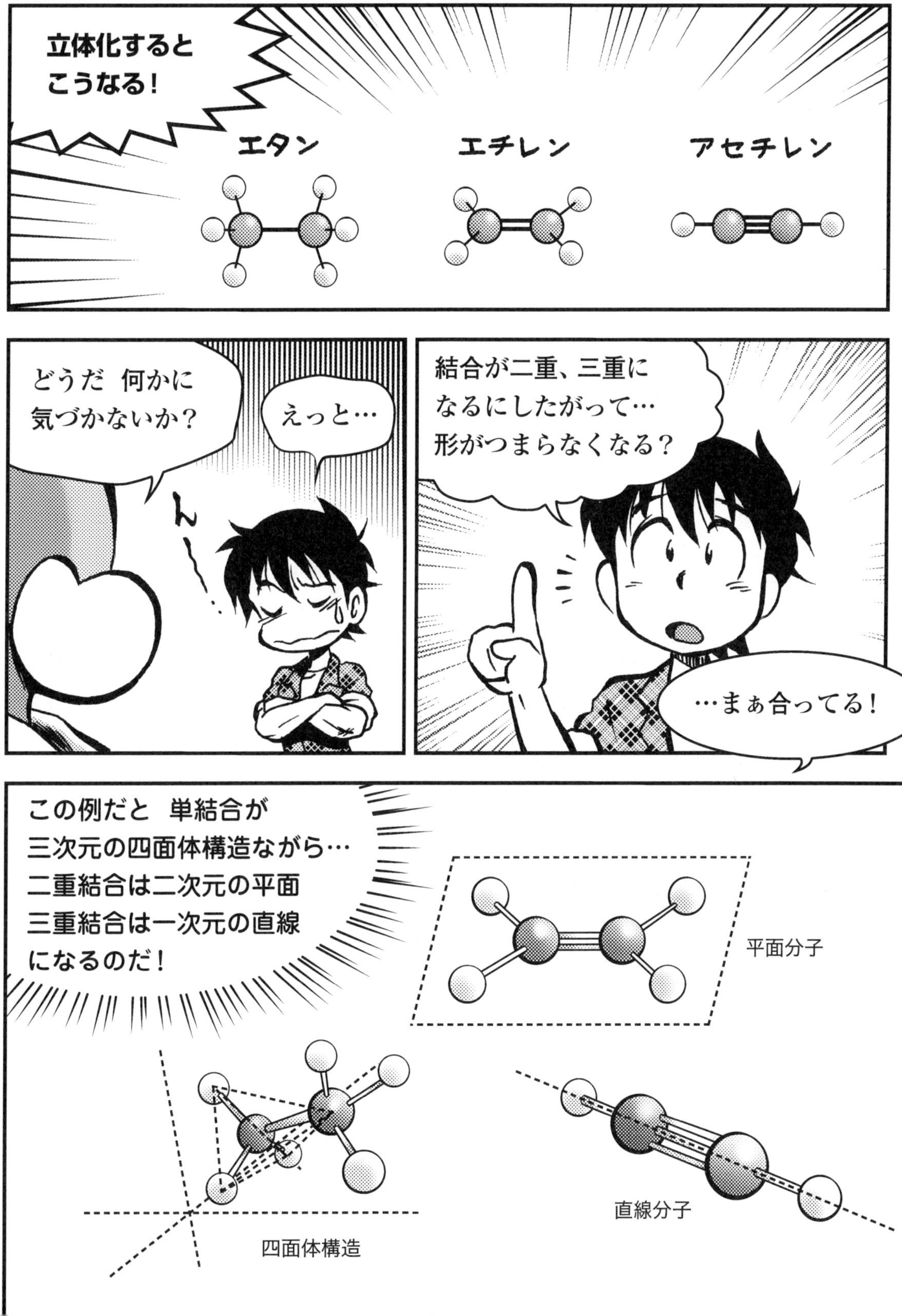
立体化すると
こうなる！
エタン
エチレン
アセチレン
どうだ　何かに
気づかないか？
えっと…
ん〜…
結合が二重、三重に
なるにしたがって…
形がつまらなくなる？
…まぁ合ってる！
この例だと　単結合が
三次元の四面体構造ながら…
二重結合は二次元の平面
三重結合は一次元の直線
になるのだ！
平面分子
四面体構造
直線分子

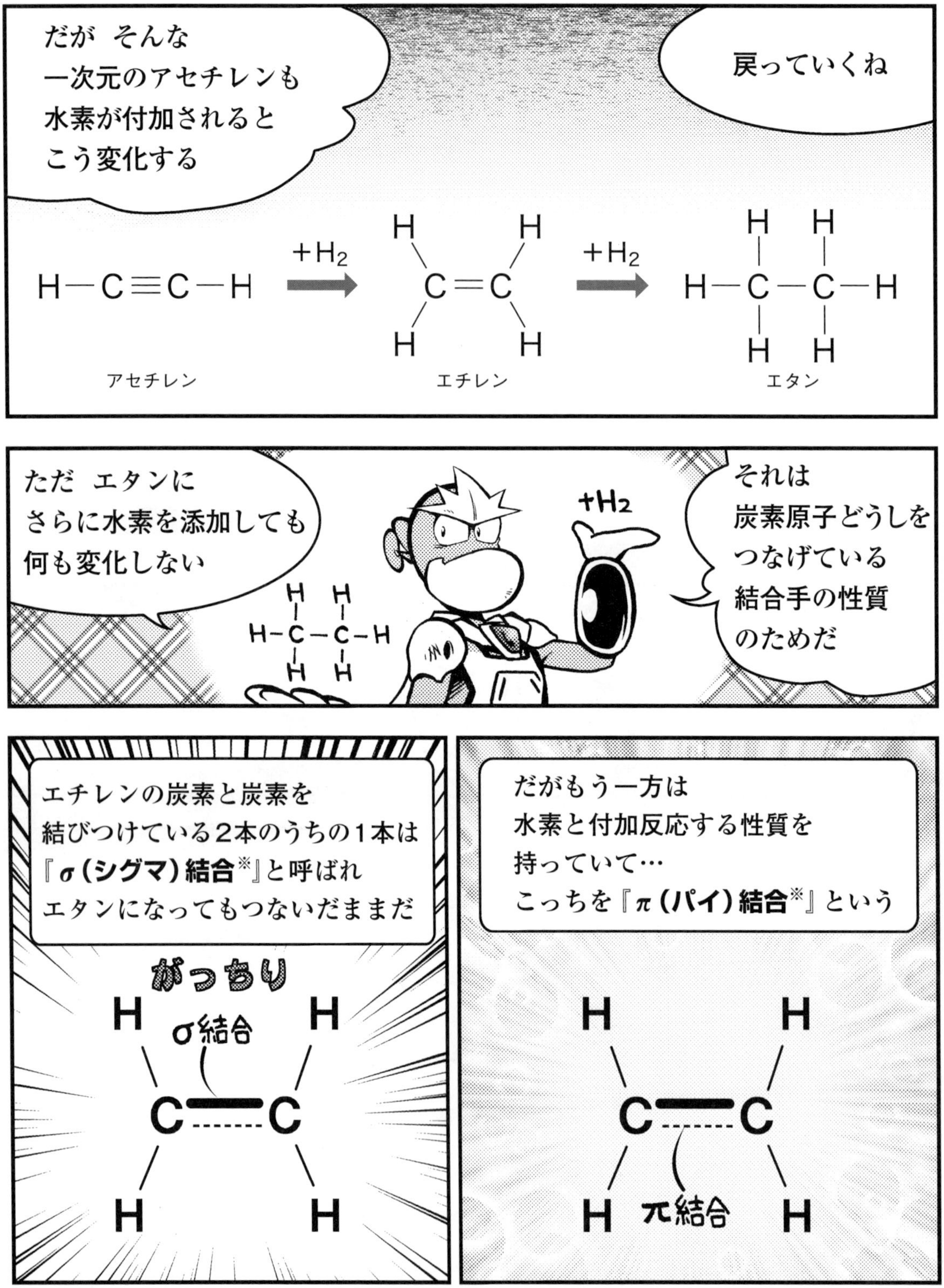
だが そんな
一次元のアセチレンも
水素が付加されると
こう変化する
戻っていくね
+H2
+H2
アセチレン
エチレン
エタン
ただ エタンに
さらに水素を添加しても
何も変化しない
+H2
それは
炭素原子どうしを
つなげている
結合手の性質
のためだ
エチレンの炭素と炭素を
結びつけている2本のうちの1本は
『σ（シグマ）結合※』と呼ばれ
エタンになってもつないだままだ
がっちり
σ結合
だがもう一方は
水素と付加反応する性質を
持っていて…
こっちを『π（パイ）結合※』という
π結合

※ ともに58ページ図2.3参照。

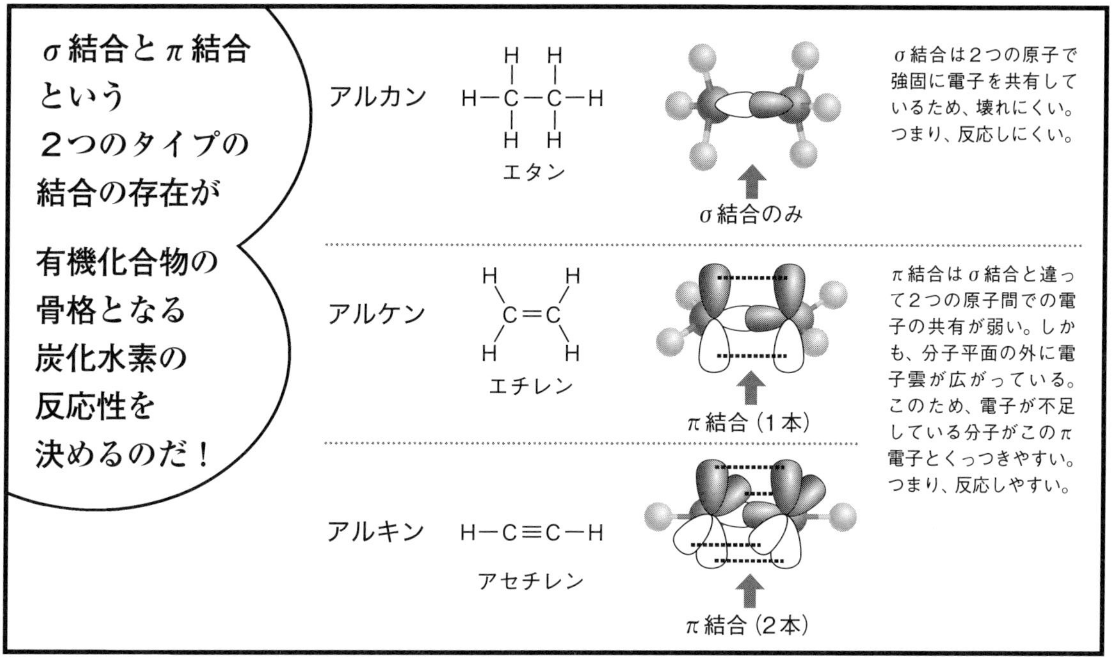
σ結合とπ結合という2つのタイプの結合の存在が
有機化合物の骨格となる炭化水素の反応性を決めるのだ！
アルカン
H H
H—C—C—H
H H
エタン
σ結合のみ
σ結合は2つの原子で強固に電子を共有しているため、壊れにくい。つまり、反応しにくい。
アルケン
H H
C＝C
H H
エチレン
π結合（1本）
π結合はσ結合と違って2つの原子間での電子の共有が弱い。しかも、分子平面の外に電子雲が広がっている。このため、電子が不足している分子がこのπ電子とくっつきやすい。つまり、反応しやすい。
アルキン
H—C≡C—H
アセチレン
π結合（2本）

π結合は電子の共有が弱いうえ電子が分子平面の外に広がっているから電子が不足している分子にくっつきやすくなる
だが一本でつながれているσ結合は2つの原子で強固に電子を共有している！
ガッチリ単結合

だからそれ以上は変化しにくいんだね？スゴいねシグマな単結合！
自信につながったか?! 加賀クン！

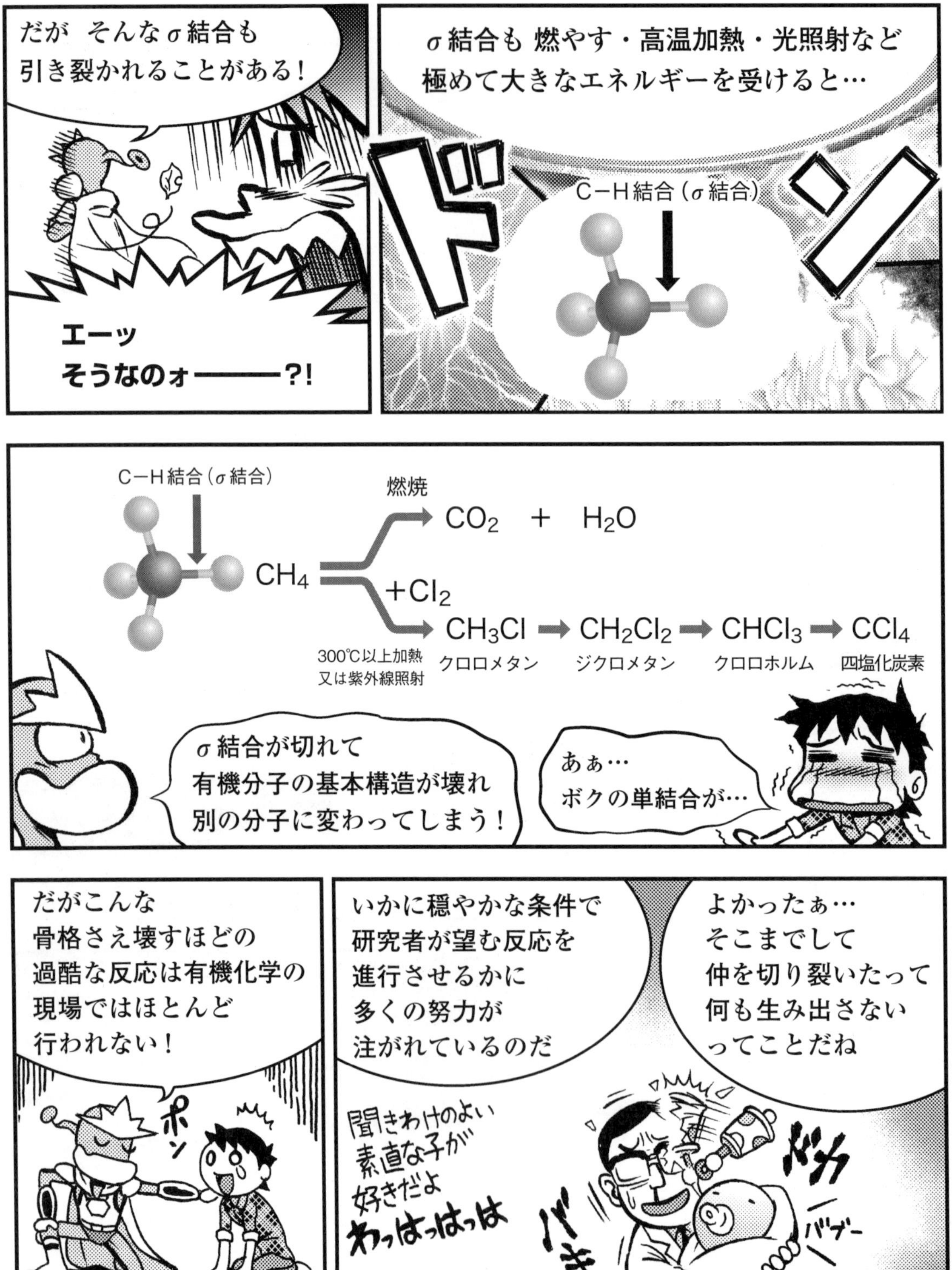
だが そんなσ結合も
引き裂かれることがある！
エーッ
そうなのォ———?!
σ結合も 燃やす・高温加熱・光照射など
極めて大きなエネルギーを受けると…
ドーン
C−H結合（σ結合）
C−H結合（σ結合）
燃焼
CO_2 + H_2O
CH_4
$+Cl_2$
CH_3Cl → CH_2Cl_2 → $CHCl_3$ → CCl_4
300℃以上加熱
又は紫外線照射
クロロメタン
ジクロメタン
クロロホルム
四塩化炭素
σ結合が切れて
有機分子の基本構造が壊れ
別の分子に変わってしまう！
あぁ…
ボクの単結合が…
だがこんな
骨格さえ壊すほどの
過酷な反応は有機化学の
現場ではほとんど
行われない！
ポン
いかに穏やかな条件で
研究者が望む反応を
進行させるかに
多くの努力が
注がれているのだ
よかったぁ…
そこまでして
仲を切り裂いたって
何も生み出さない
ってことだね
聞きわけのよい
素直な子が
好きだよ
わっはっはっは
バキ
ドカ
バブー

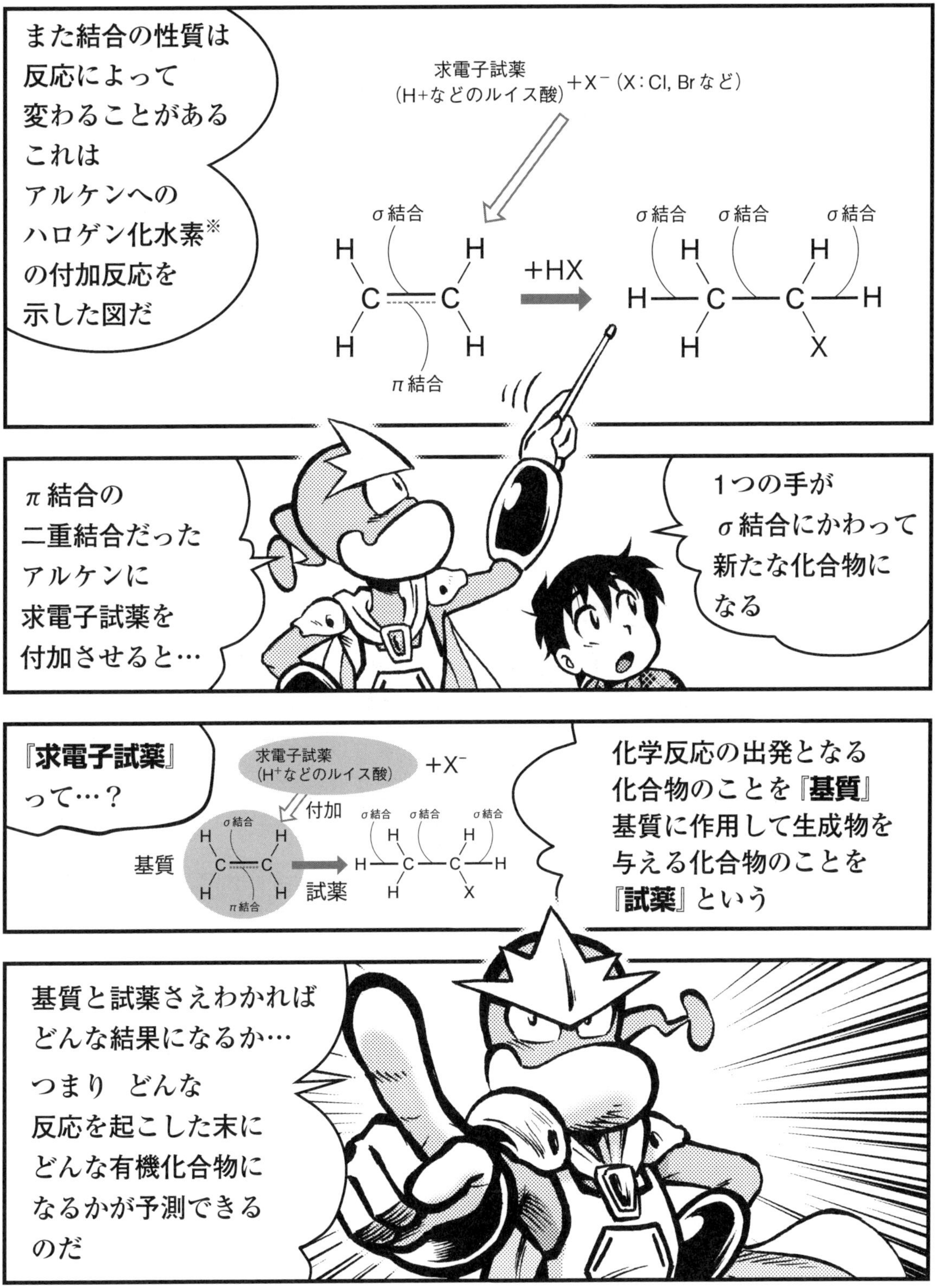

また結合の性質は反応によって変わることがあるこれはアルケンへのハロゲン化水素※の付加反応を示した図だ
求電子試薬
(H+などのルイス酸)
+X⁻ (X：Cl, Brなど)
σ結合
π結合
+HX
σ結合
σ結合
σ結合
π結合の二重結合だったアルケンに求電子試薬を付加させると…
1つの手がσ結合にかわって新たな化合物になる
『求電子試薬』って…？
求電子試薬
(H⁺などのルイス酸)
+X⁻
付加
σ結合
π結合
基質
試薬
σ結合
σ結合
σ結合
化学反応の出発となる化合物のことを『**基質**』基質に作用して生成物を与える化合物のことを『**試薬**』という
基質と試薬さえわかればどんな結果になるか…
つまり　どんな反応を起こした末にどんな有機化合物になるかが予測できるのだ

※ 一般式HX (X：ハロゲン原子) で書かれる化合物をハロゲン化水素という。
そしてXがClの化合物を塩化水素、Brの化合物を臭化水素という。

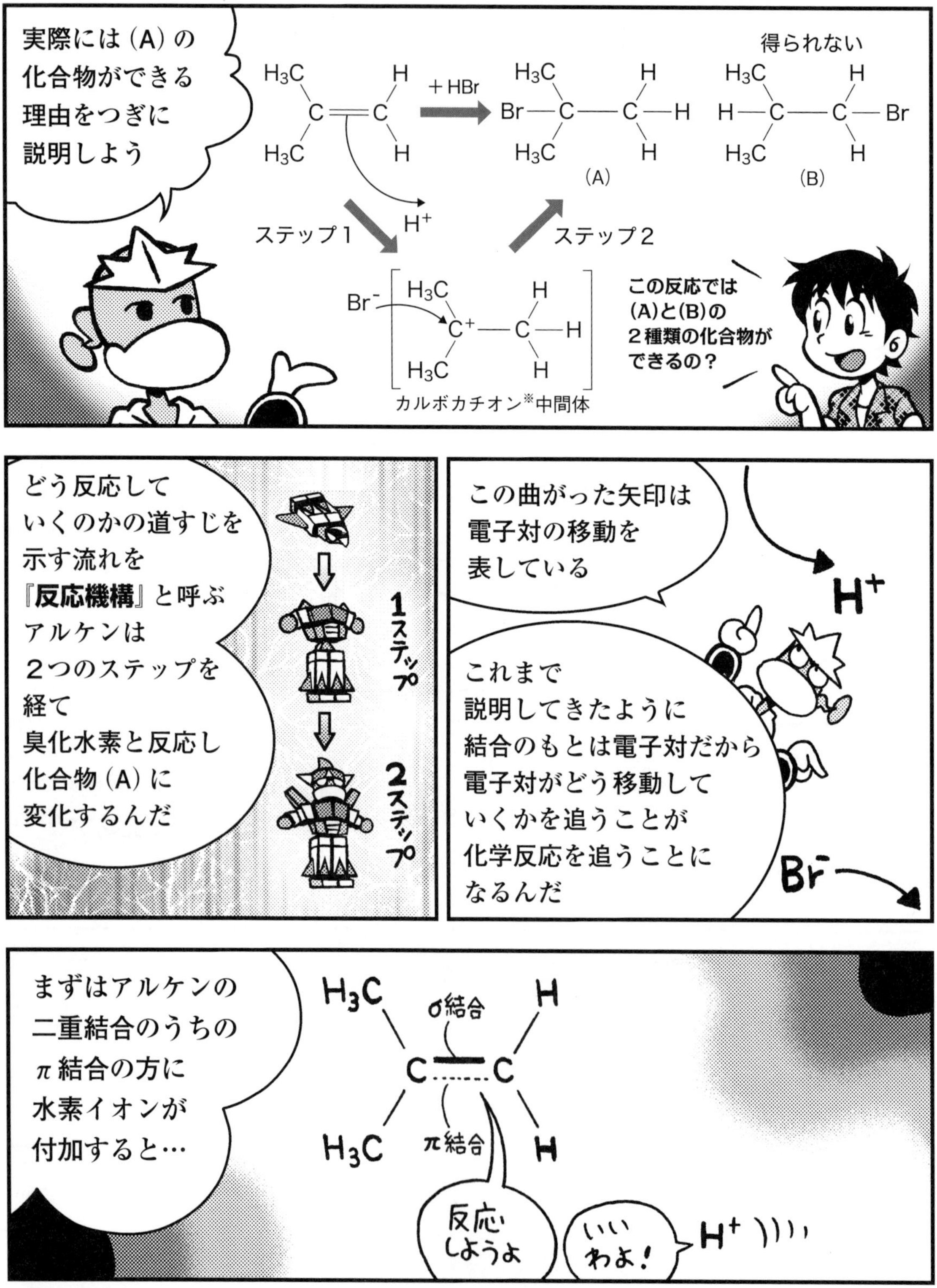
実際には（A）の
化合物ができる
理由をつぎに
説明しよう
＋HBr
得られない
(A)
(B)
ステップ1
ステップ2
H^+
Br^-
カルボカチオン※中間体
この反応では
（A）と（B）の
２種類の化合物が
できるの？
どう反応して
いくのかの道すじを
示す流れを
『反応機構』と呼ぶ
アルケンは
２つのステップを
経て
臭化水素と反応し
化合物（A）に
変化するんだ
1ステップ
2ステップ
この曲がった矢印は
電子対の移動を
表している
H^+
これまで
説明してきたように
結合のもとは電子対だから
電子対がどう移動して
いくかを追うことが
化学反応を追うことに
なるんだ
Br^-
まずはアルケンの
二重結合のうちの
π結合の方に
水素イオンが
付加すると…
σ結合
π結合
反応
しようよ
いい
わよ！
H^+

※ 共有結合が３本で＋１の正の電荷を持つ炭素の陽イオン（カチオン）R_3C^+のことをカルボカチオンという。

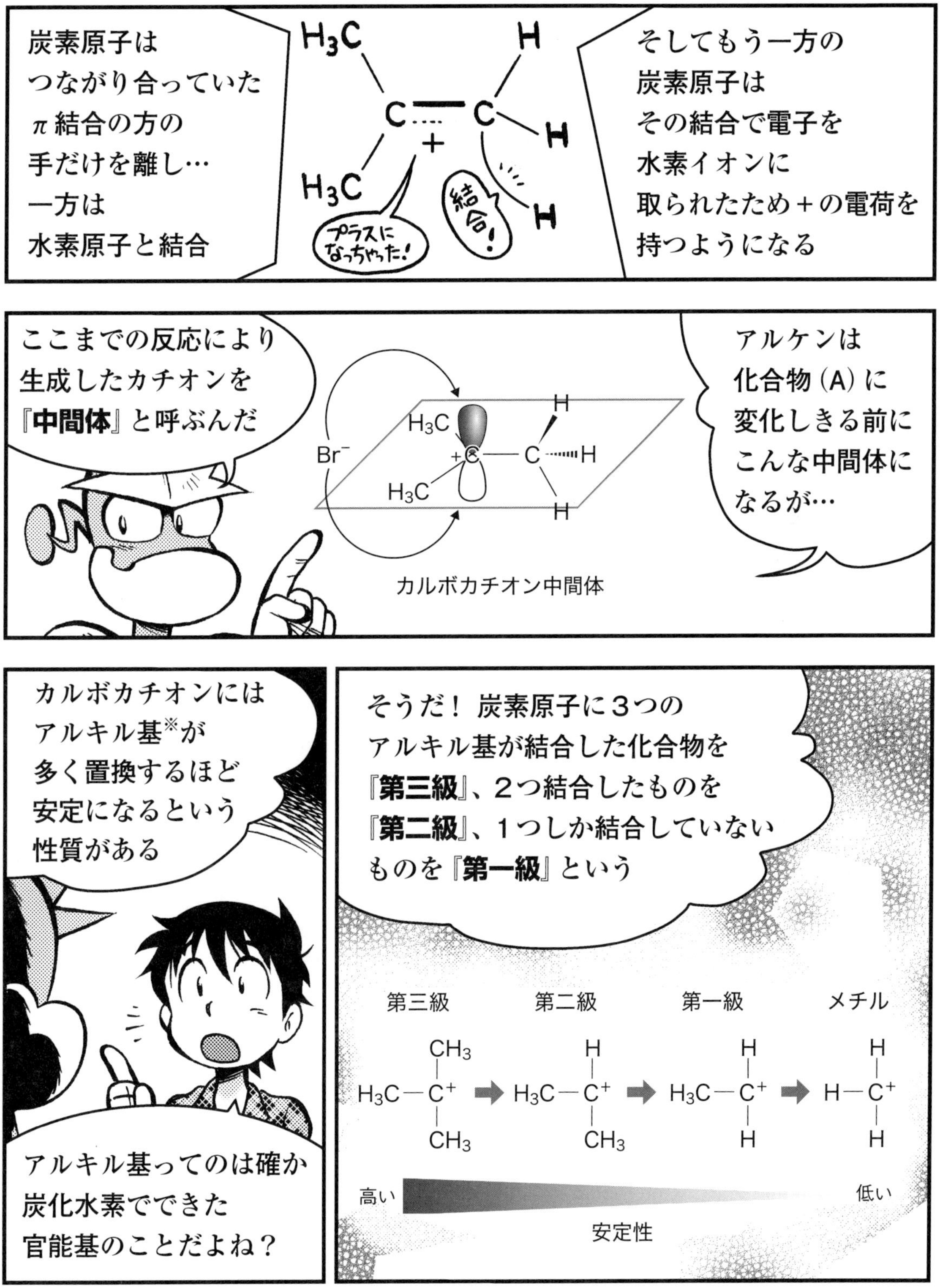

炭素原子は
つながり合っていた
π結合の方の
手だけを離し…
一方は
水素原子と結合
H3C
H3C
C
C
H
H
H
+
プラスになっちゃった！
結合！
そしてもう一方の
炭素原子は
その結合で電子を
水素イオンに
取られたため＋の電荷を
持つようになる
ここまでの反応により
生成したカチオンを
『中間体』と呼ぶんだ
Br⁻
H3C
H3C
+C
C
H
H
H
カルボカチオン中間体
アルケンは
化合物（A）に
変化しきる前に
こんな中間体に
なるが…
カルボカチオンには
アルキル基※が
多く置換するほど
安定になるという
性質がある
アルキル基ってのは確か
炭化水素でできた
官能基のことだよね？
そうだ！ 炭素原子に3つの
アルキル基が結合した化合物を
『第三級』、2つ結合したものを
『第二級』、1つしか結合していない
ものを『第一級』という
第三級
第二級
第一級
メチル
高い
低い
安定性

※ アルカンに由来する炭化水素基のこと。

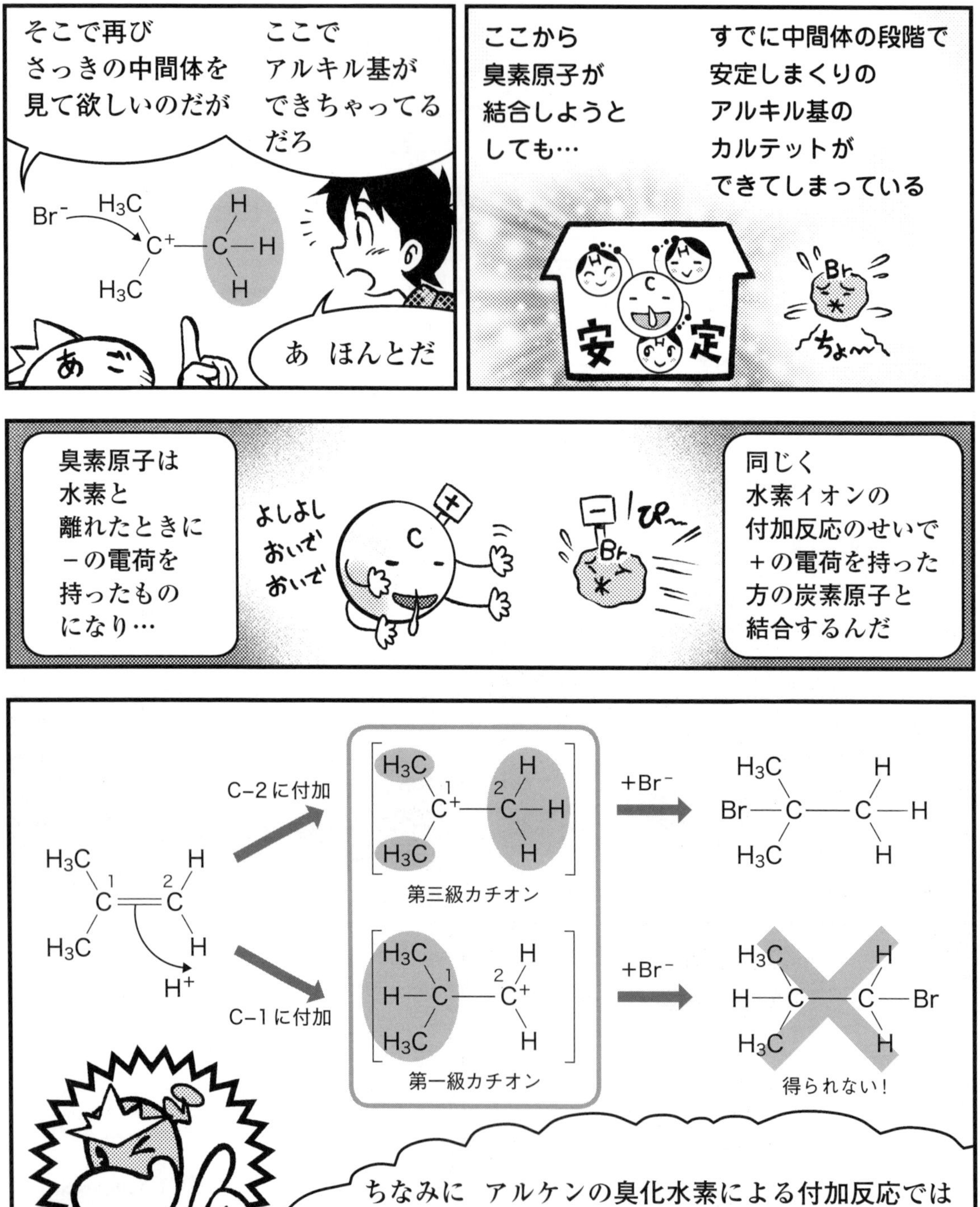

そこで再び
さっきの中間体を
見て欲しいのだが
ここで
アルキル基が
できちゃってる
だろ
Br^-
H_3C
C^+
C
H
H_3C
あ ご
あ ほんとだ
ここから
臭素原子が
結合しようと
しても…
すでに中間体の段階で
安定しまくりの
アルキル基の
カルテットが
できてしまっている
安
定
Br
ちょ〜
臭素原子は
水素と
離れたときに
−の電荷を
持ったもの
になり…
よしよし
おいで
おいで
C
Br
ぴ〜
同じく
水素イオンの
付加反応のせいで
＋の電荷を持った
方の炭素原子と
結合するんだ
H_3C
H_3C
C
C
H
H
H^+
C−2に付加
C−1に付加
$+Br^-$
第三級カチオン
第一級カチオン
Br
得られない！
CHECK!
ちなみに　アルケンの臭化水素による付加反応では
この２種類の中間体が考えられるが
上の方が第三級カチオンなので安定だから
上段の経路で反応は進む！

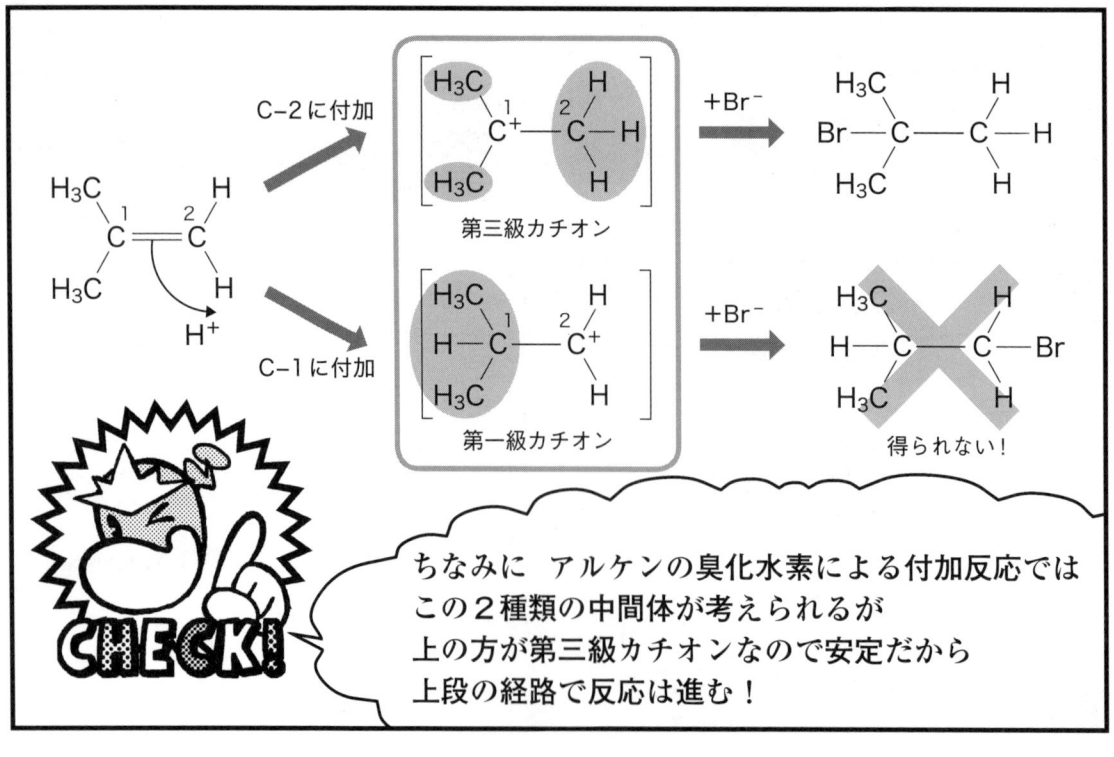

アルキンの三重結合においても
その π 結合への付加反応が
２回起きていると考えれば
いいんだ
なるほどォ…
$H_3C-C\equiv C-CH_3 \xrightarrow{+Br_2} H_3C-C(Br)=C(Br)-CH_3 \xrightarrow{+Br_2} H_3C-CBr_2-CBr_2-CH_3$
それぞれの性質や
つながり方の
ルールさえ知れば
予想不可能の結果なんて
起こらないッてことだね
有機化合物の
世界ではな
もしキミが
ノゾミさんに
告白したって
結果はイエスか
ノーしか
ないだろう
わかりやすいじゃないか
何を怖がる必要がある
最後にもう１つ
有機化合物の反応例を
伝授しよう
それでキミは
私の…
『勇気を持つための有機化学講座』を
晴れて卒業だ!!
!

5.3 アルコールの反応

よっしゃー！ 盛り上がった ところで このまま 飲み屋に突撃ー!!
あ…あの でも私まだ 未成年ですし…
なーに カタイこと いってんのォ? 新歓コンパじゃん！
ねっ！ ちょっとだけさぁ
やっぱり新入生に… あわよくば飲ませる 気なんですか?!
タッ…
黒子

激昂のイケメン
おう！　何だお前
1年ボーズか？
大事なトコで
チャチャ入れんじゃ
ねーぞコラァ!!
あ…あの人は
たしか同じクラスの…
ボクはノゾミさんを
アセトアルデヒドから
守るっ!!
エタノール（エチルアルコール）は
濃硫酸存在下での反応で
温度条件の違いにより
置換反応または脱離反応を起こします
ジエチルエーテル
$H_3CH_2C-O-CH_2CH_3$
濃硫酸
130℃
エタノール
H_3CH_2C-OH
濃硫酸
170℃
エチレン
H H C＝C H H
サッ
は？

ズザザザザ――
反応機構こみで説明するとこうなります
置換反応
$CH_3CH_2\ddot{O}H$（求核剤）
ジエチルエーテル
$H_3CH_2C-O-CH_2CH_3$
$-H^+$
$-H_2O$
（脱水）
H^+
エタノール
$CH_3CH_2\ddot{O}H$（塩基）
$-H_2O$
（脱水）
エチレン
脱離反応
『O−H』のヒドロキシ基に水素イオンが付加するとハロゲンと同じくらい電子を引きつけるようになります
H^+
$\delta+$
OH_2
$CH_3CH_2\ddot{O}H$
するとそこに電子を豊富にもった別のエタノールの酸素原子の非共有電子対がわずかにプラス性を持った炭素に引きつけられて…
『求核剤』または『求核試薬』という立場になると　そのそばのδ+性を帯びた炭素と結合しようとします
求核剤または求核試薬
求核攻撃
δ+
C
…これを『求核攻撃』といいます
なんだコイツ…
このような反応機構を経てエタノールは置換反応を起こしてジエチルエーテルに変化するのです
ジエチルエーテル
$H_3CH_2C-O-CH_2CH_3$
バババ!!

また脱離反応の場合は
他のエタノールが
塩基となって
水素イオンを引き抜き
エチレン
水素イオンが付加した
ヒドロキシ基が脱離して
エチレンに変化するんです
いろいろな反応を経て
有機化合物は…
違う　新しいものに
変化するんです
とにかくボクは先輩たちの悪だくみに
ノゾミさんが巻き込まれるのを
見過ごすことはできない…
そしてボク自身も有機化合物のように
ノゾミさんにしっかり
『反応』してもらって
自分を『変化』させたいんです!!

ノゾミさん！ ずっと…ずっと
高校のころから好きでした!!
どうかボクと
付き合ってください!!!
キミはコレで
必ず変化する…
どんな結果に
なっても！
みちゃダメ！
ママーへんなひとが
加賀クン…
エタノールも
びっくりな
『求核攻撃』だな

フォローアップ

身のまわりには、さまざまな物質が存在しています。これらの物質を化学的な観点から見た場合、その物質が単一の成分（1種類の元素や分子）からできているのかどうかを考えます。つまり純物質なのか、それともいくつかの成分の混合物なのかの区別です。この考え方は、有機化合物の性質を調べるには大変重要です。性質を知るには、できるだけただ1つの有機化合物（成分）から構成された物質を得る必要があります。この得られた物質について分析し、物性や反応性などの性質を調べることが、有機化合物についてのさまざまな性質を知ることにつながります。ここでは、純粋な有機分子の研究から得られた代表的な反応のうち、マンガの部分では触れていない反応について、詳しく解説します。

エステル化反応

エステル化とは、カルボン酸がアルコールと反応してエステルという分子を生成する反応です。図5.1に示した酢酸とエタノールとの反応による酢酸エチルエステルの生成が代表的な反応です。この反応は、酸のH^+が存在することによって容易に進みます。しかし、この反応には別の大きな特徴があります。それは、酢酸エチルエステルが水と反応して酢酸とエタノールを生成する反応も同時に起きているという特徴です。この関係、どこかでみませんでしたか。そうです、酸塩基反応（第4章122ページ）のところで説明した、平衡状態です。つまり、「酢酸とエタノール」と「酢酸エチルエステルと水」との間には、平衡関係があるのです。有機化学の反応には、このような平衡状態にあるものもたくさん存在します。

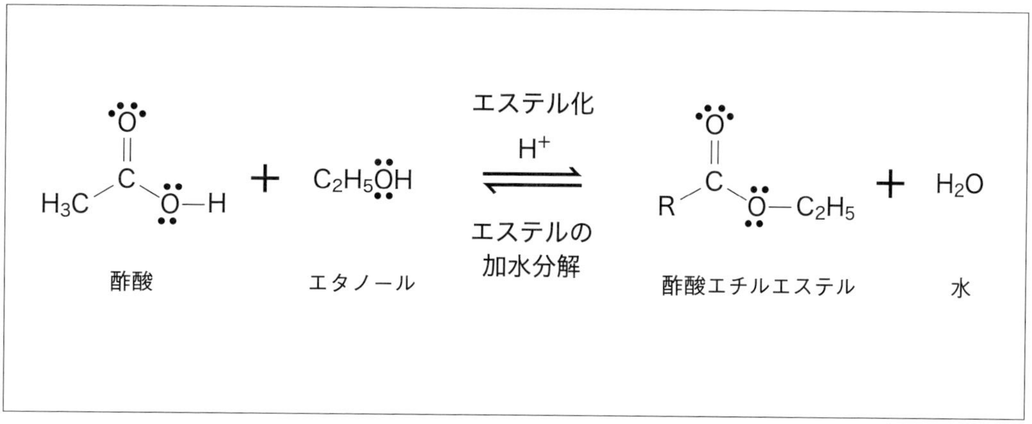

❖ 図 5.1　酢酸とエタノールの反応による酢酸エチルエステルの生成

1. 有機化合物の反応におけるエネルギー変化

有機化学の反応が平衡にあるかないかはどのように考えたらいいのでしょうか。有機化学に限らず、化学反応が進むかどうかを決めているのはエネルギーの変化です。実際の有機化学の反応は複雑ですが、その反応を理解するため、図5.2に示した2つの場合について考えてみます。どちらも出発物質Aから生成物Bを与える反応です。図5.1の場合の「酢酸とエタノール」が出発物質Aで「酢酸エチルエステルと水」が生成物Bに相当すると考えてください。横軸は反応の進行方向、つまり、反応の時間的経過を示しています。

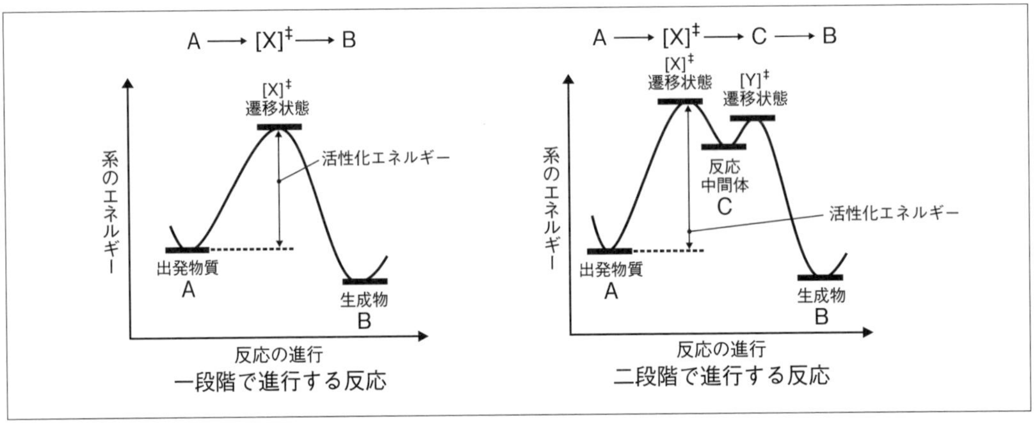

❖ 図 5.2 化学反応の進行に伴うエネルギーの変化

出発物質Aが反応してある時間経過後に生成物Bを生成するということを横軸で表しています。また、縦軸は反応に関係している分子の持っているエネルギーです。下に行くほど安定であることを示しています。図5.2では、AよりもBの方が下に書いてあります。つまり、Aからエネルギーを放出（つまり発熱反応）してより安定なBを生成する反応を示しています。AからBになるには、越えなくてはならないエネルギーの山があります。加熱するなどしてAの状態の分子にエネルギーを与えてあげると、Aの分子は山を越えることができ（反応する）、Bになります。この山の頂点の状態[X]‡を遷移状態といい、越えなくてはならない山の高さを活性化エネルギーと呼んでいます。ここで、視点を変えて生成物Bから出発物質Aになることを考えてみましょう。この逆の過程もAからBになる時と同じ遷移状態[X]‡を経ていきます。では、越えなくてはならない山の高さはどうなっているでしょうか。AとBのエネルギーの差の分だけより高くなっています。もし、山の高さが高くかつAとBのエネルギーの差が大きければ、AからBに変化したのが逆にBからAになることはありません（厳密には、極めて困難）。しかし、山の高さがあまり高くなくかつAとBのエネルギーの差も小さければ、BからAへの変化も起こりえます。このような状態が平衡状態にあたります。つまり、エステル化反応にはこのようなエネルギー関係が存在しているのです。

図5.2の左側のエネルギー変化の反応は、出発物質Ａから遷移状態$[X]^{\ddagger}$を経て生成物Ｂを与える過程で進む反応で、一段階反応といいます。もう1つは、出発物質Ａから遷移状態$[X]^{\ddagger}$を経ていったん反応中間体と呼ばれる一時的な化合物Ｃを生成し、このＣから次の遷移状態$[Y]^{\ddagger}$を経て最終生成物Ｂに至るようなエネルギー変化を示す反応で二段階反応といいます。この2つの場合の大きな違いは、中間体が存在するかどうかです。

2.　遷移状態と中間体の違い

遷移状態と中間体とはどう違うのでしょうか。図5.2では、遷移状態は山の頂上に相当し、中間体は2つの山の頂上に挟まれた谷のようなものです。ただし反応の世界では、この頂上は点でそこにとどまることが不可能なところです。つまり、越えなくてはならないところとして存在している状態です。そしてこの遷移状態を越えるために必要なエネルギーの壁が活性化エネルギーです。一方、中間体ＣはＡやＢよりも高いところにあります。つまり、ＡやＢよりも不安定な分子ですが、エネルギーの谷間にあるため、ほんの一瞬でも存在することができます。しかし、ずっとこの状態でいることはできません。それは、ＡからＣに行くときに越えた山（活性化エネルギー）よりもＣからＢに行く山が低いからです。つまり、Ａから$[X]^{\ddagger}$を経てＣに行くことができるエネルギーがあれば、余裕で次の山が越えられるのです。全力で走って1つの山を越えたらその目の前に小さな山があって、勢いでその次の小さな山も越えてしまうようなものです。

このように考えると、中間体というものはあまり役に立たないもののように思えてきますが、有機化学の反応が容易に進むかどうかの大きなカギを握っています。これからのあとの章で述べる反応のほとんどに中間体が存在します。この中間体がどれだけ大切か、のちの具体的な反応でその重要性がわかると思います。

3.　エステル化と加水分解

ＡからＢへの反応が進むかどうか、まずは、ＡよりもＢの方が安定であること、確かにそうですね。仮にＡとＢのエネルギーの差が小さくなったらどうなるか、ＢからＡに戻ることが可能になってきます。つまり、平衡関係にある反応になるわけです。その代表的なのが図5.1で説明したカルボン酸とアルコールの反応によるエステルの生成反応です。生成物のエステルは、エステル化の反応条件下で生成した水による加水分解を受けてカルボン酸とアルコールに戻ります（図5.3）。カルボン酸、アルコール、エステルどれも同じぐらいの安定性を持った分子ですので、平衡関係になってしまいます。そこで、普通はエステルを収率よく得るために生成した水を乾燥剤などによって取り除くことをします。

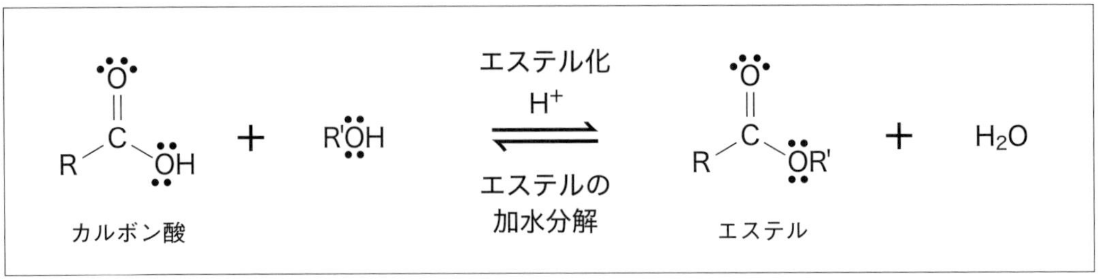

❖ 図 5.3　カルボン酸のエステル化とエステルの加水分解

平衡関係にならないような場合、つまりAよりもBの方がはるかに安定であれば、容易にAからBへの反応が進行しますが、そこには、活性化エネルギーという高い山が立ちはだかっています。この山の高さを低くするにはどうしたらいいのでしょうか。触媒というものを使うのです。このような反応の活性化エネルギーを下げる物質を触媒と呼んでいます。しかし、有機化学の多様な反応の仕組みを理解するには、遷移状態に加えて中間体の果たす役割を理解することが大切です。

二重結合への付加反応

有機化学の反応を考えるのに重要な中間体とは具体的にどんなものでしょうか。その代表例が二重結合へのH^+などの親電子試薬の付加反応によって生成する＋の電荷を持ったカルボカチオン中間体です。

ところで、このカルボカチオン中間体は、そのカチオン部分にアルキル基がたくさん結合しているほど安定であることはすでに述べました。安定化の理由は、カチオンの隣の炭

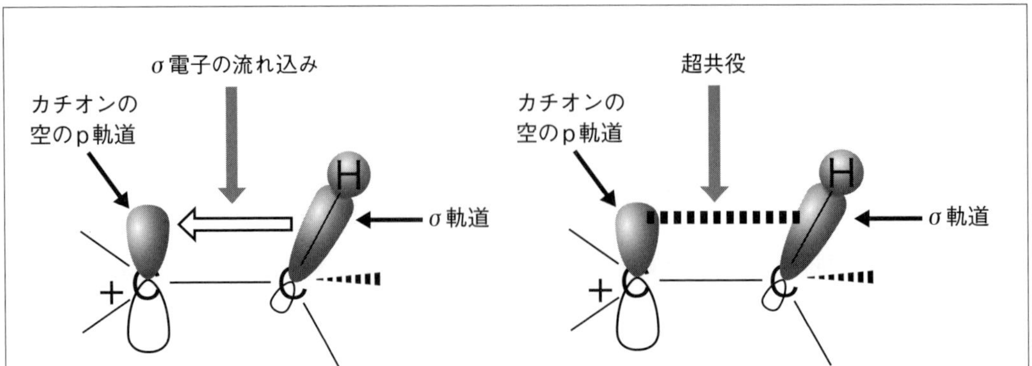

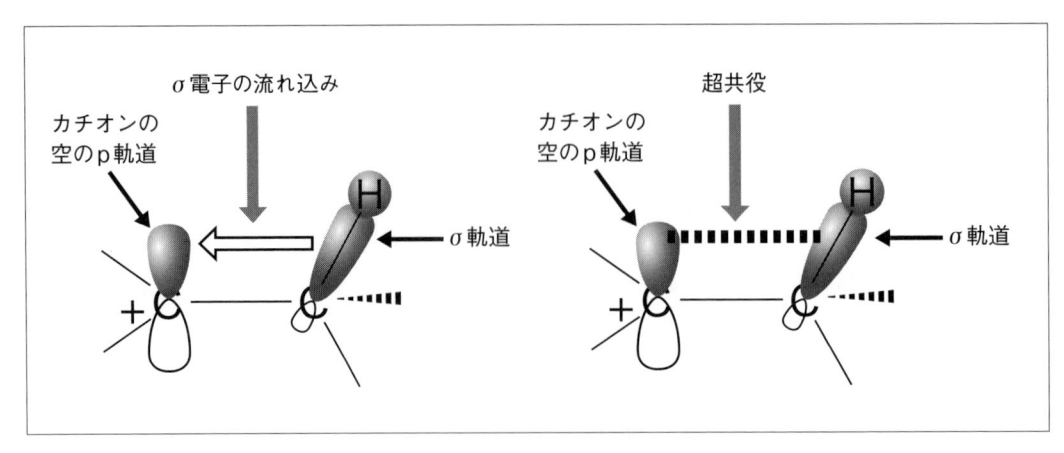

❖ 図 5.4　カルボカチオンの安定化の理由

素－水素原子（または炭素原子）のσ結合のσ電子のカチオンの空の軌道への流れ込み、すなわちσ軌道とカチオンのp軌道との共役（超共役と呼ぶ）の効果のためです（図5.4）。

二重結合への親電子試薬の付加反応についてはすでに説明しましたが、このタイプの付加反応のうち、臭素の付加反応は他とは異なった特徴的な性質を持っています。環状のアルケンであるシクロヘキセンへの臭素付加反応を用いて説明します。この反応では、2つの臭素原子の相対的な位置関係の違いによってトランス体とシス体の2種類の幾何異性体※の生成が考えられます。実際の反応では、選択的にトランス体のみを生成します（図5.5）。この反応の機構は、図5.5のように考えられています。まず二重結合のπ電子と臭素が反応し、カチオン中間体（ブロモニウムイオン中間体）を生成します。このとき生成するカチオン中間体は、(B)のような構造の中間体ではなく、三員環構造の中間体(A)を生成します。そのため、Br^-の攻撃方向に制約を生じトランス体が優先的に生成すると説明されています。

※ 原子の配列順序は同じだが、分子の立体的な配置つまり立体構造が異なるために生じる異性体を総称して立体異性体という。幾何異性体、鏡像異性体、配座異性体などは、すべて立体異性体。

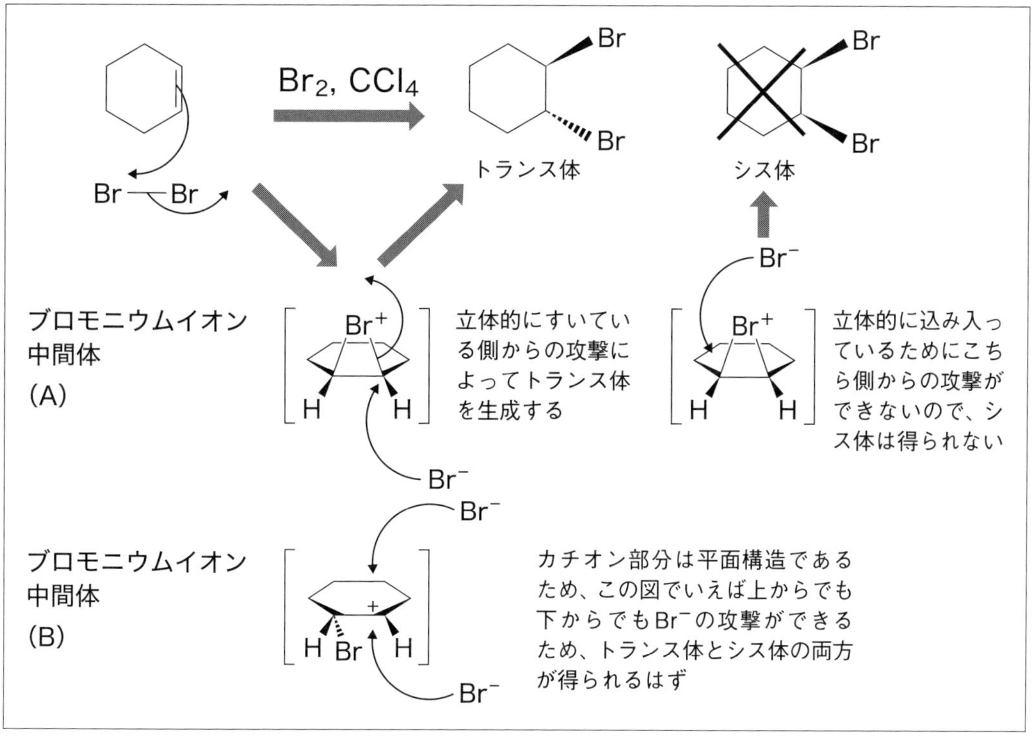

❖ 図5.5 シクロヘキセンに対する臭素の付加反応とその反応機構

ハロゲン化炭化水素の求核置換反応

まず、求核置換反応の求核とは何のことでしょうか。その説明から始めましょう。図5.6のように炭素に炭素よりも電気陰性度の高いハロゲン原子X（Cl, Brなど）が結合すると結合に使われている電子（σ電子）がハロゲン原子の方に少し引っ張られ、その結果C−X結合において電荷の偏りが生じます。つまり、ハロゲン原子Xが少しマイナスの電荷を多く持つようになり（$\delta-$）、逆に炭素原子は少し＋の電荷を持つ（$\delta+$）ようになります。このような分子（基質という）に対して、OH^-のように電子が豊富な分子など（求核剤または求核試薬という）が存在すると、基質の$\delta+$性を帯びた炭素原子に近づき、結合を作ろうとします（求核攻撃という）。このように基質に対して求核試薬が求核攻撃をして反応が進むのです。一方、電子が豊富なところに近づいて結合を作ろうとするH^+のような原子や分子などのことを求電子剤または求電子試薬と呼んでいます。

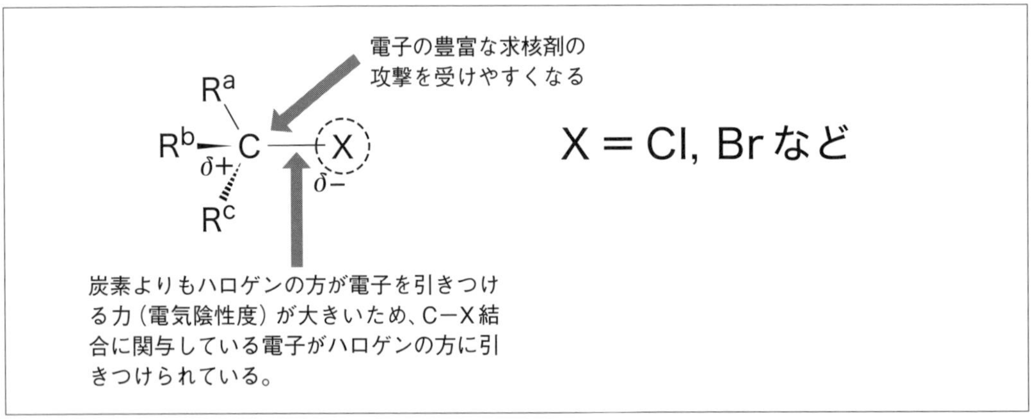

❖ 図5.6　ハロアルカンの構造

さて、話を求核置換反応に戻しましょう。すでに説明したようにハロゲン化炭化水素は図5.6のような構造上の特徴を持っています。この図に書いてあるように、炭素原子に電気陰性度の大きなハロゲン原子が結合したことで、結合に関与しているσ電子がハロゲン原子の方に引き寄せられる（σ結合を介した分極効果のことを誘起効果という）。その結果、炭素原子が電子不足となり、電子が豊富な求核剤の攻撃を受けるようになり、図5.7のような求核置換反応を起こします。図5.7の具体例でもう少し、説明します。求核置換反応とは、OH^-のような電子が豊富な求核剤が、臭素化合物のBrに結合した炭素を求核攻撃し、Brを追い出して代わりにOHの酸素原子Oが炭素原子Cと新たに結合し、その結果アルコールを生成する反応です。結果的に、基質のBrがOHに置き換わったことになるため置換反応と呼んでいます。

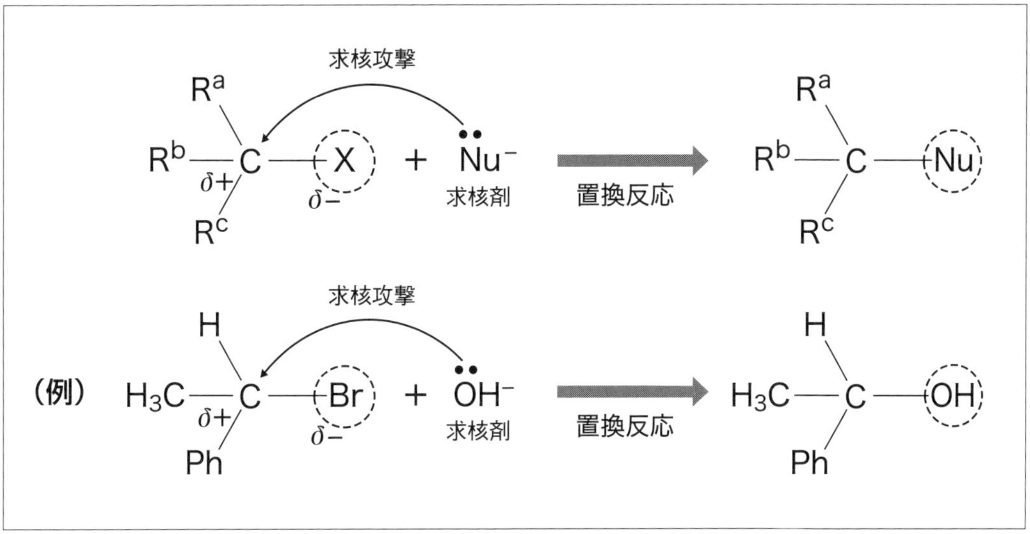

❖ 図 5.7 ハロアルカンの求核置換反応とその反応例

1. 求核置換反応の進み方

この求核置換反応がどのように進んでいくのかについて詳しく見ていきましょう。求核置換反応には、大きく分けて2つの反応機構があることがわかっています。図5.8に示した一分子求核置換反応（S_N1）と二分子求核置換反応（S_N2）です（S_Nとは英語での求核置換反応Nucleophilic Substitutionの2つの単語の頭文字をとったものです）。それぞれ、二段階で進行する反応（カルボカチオン中間体を経る）と一段階で進行する反応の2種類の異なった反応機構を持っています。S_N1の場合には、最初のハロゲンの脱離が最もエネルギーを必要とするステップであること、つまりハロゲン化炭化水素だけで反応が進むかどうかが決まることから一分子と呼んでいます。一方S_N2では、ハロゲン化炭化水素に求核剤が攻撃すると同時にハロゲン原子が脱離していく遷移状態を経ること、つまりハロゲン化炭化水素と求核剤の2つの分子が共同作業することで初めて反応が進むことから、二分子と呼んでいます。

この2つの反応の機構を、エステル化の反応のところで説明しましたエネルギーの関係で考えてみましょう。図5.8を見る限りは、どちらも2段階の反応に見えます。どちらも[ ]で囲まれたものを経て2つの矢印で結ばれています。違うのは中間体と遷移状態です。すでに述べていますが、この2つの言葉の違いは、化学反応を考えるうえで大変重要な考えですので、詳しくどう違うのかを説明しましょう。反応が進むためには、ただ、反応するものどうし（ここでは、基質と求核剤）を混ぜても反応は進みません。ある程度の熱（正しくはエネルギーといった方がよい）が必要です。図5.9の左の図（S_N2）をみてください。反応が進むということは、エネルギーの山を越えることです。つまり、反応が進むためには、この山を越えるだけのエネルギーが必要なのです。このエネルギーのことを活性化エネルギーということはすでに述べました。S_N2反応では、出発物から始まって1つの山を越えると生成物にたどり着くことができます。この山頂に相当するところには一瞬たりともとどまることはできず、山を越えたとたんに生成物に行ってしまいます。この山頂にあたるものが遷移状態といわれるものです。しかし、S_N1反応では、図5.9の右図のように1つの山を越えても生成物にはいきません。越えても、山の山頂より少しエネルギーの低い谷のような場所に一度落ち着きます。そのあと、最初の越えなくてはならないエネルギーの山より低いエネルギーの山を越えて、やっと生成物にたどり着くのです。この谷にあたるのがカルボカチオン中間体になります。したがって、2つの山を越えなくてはならない、つまり二段階の反応ということになります。

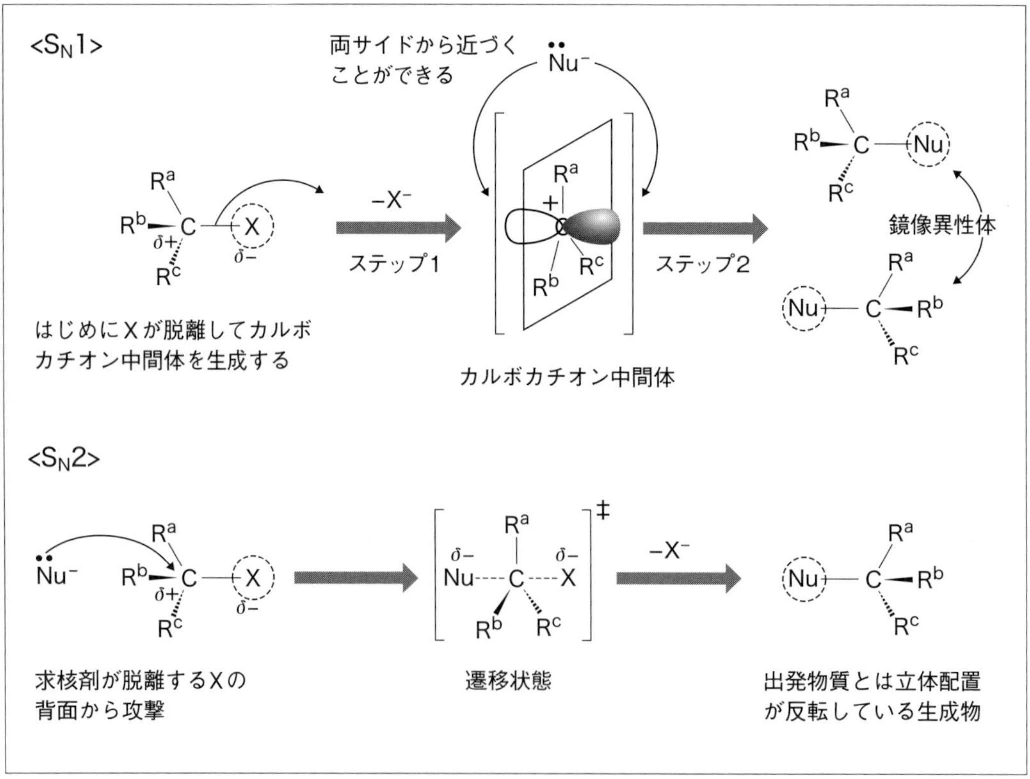

❖ 図5.8 ハロゲン化炭化水素の求核置換反応の2つの反応機構

2つの反応機構についてもう少し見てみることにしましょう。S_N1では、まずハロゲン化物イオンX^-が脱離してカルボカチオン中間体を生成します。すでに説明しましたように、カルボカチオン中間体は平面分子であるため、図5.8のように両サイドから求核剤が近づいていくことが可能になります。もし出発の化合物のハロゲンに結合した炭素原子が不斉炭素（R^a、R^b、R^cのすべてが異なる原子または原子団）であれば、生成する化合物は、2つの鏡像異性体の1：1の混合物（ラセミ体という）が得られます。一方、S_N2の場合には、ハロゲンの背面側から炭素原子に求核剤が攻撃することから、不斉炭素の不斉がまるで傘が強い風でひっくり返るように変化することになります。このことを立体配置の反転といいます。

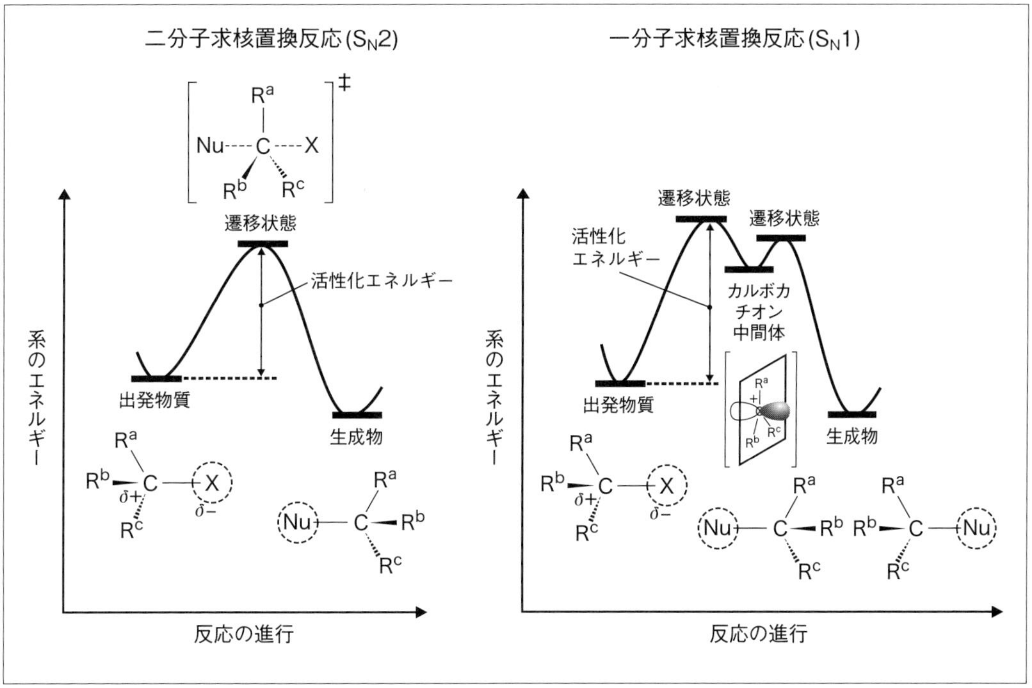

❖ 図 5.9　ハロゲン化炭化水素の 2 つの求核置換反応の進行に伴うエネルギーの変化

ところで、実際の分子では、このどちらの機構で反応が進んでいるのでしょうか。この反応機構の特徴を考えることで予想することができます。まず、S_N1はカルボカチオン中間体を安定化させるような場合に、この機構で反応が進行しやすいといえます。たとえば、R^a、R^b、R^cのすべてがCH_3の場合、図5.4に示した理由から、カルボカチオン中間体がかなりの安定化を受けることが推定されます。さらに、この場合すべてがCH_3であることから、炭素原子の背面からの求核剤の接近が立体的に込み合っている、つまり求核剤からみると、反応によって結合ができる予定の$\delta+$の炭素原子が3つのCH_3で覆いかぶされている状態になっています。このため、S_N2での反応の進行は困難となってしまいます。また、これら3つのCH_3は、お互いに立体反発のため不安定要因を持っています。しかし、カルボカチオン中間体になることで、この立体反発が解消されます。したがって、この場合には、S_N1で進行しやすいと予測できます。実際に報告されている反応例はこの予想と一致することがわかっています。

ハロゲン化炭化水素の脱離反応

次に、脱離反応について考えてみましょう。ハロゲン化炭化水素は求核置換反応が進行する条件下で、置換生成物だけでなく脱離生成物も与えます。求核剤は電子が豊富なため塩基でもあります。そのため、図5.10のように、β水素（$\delta+$になっている炭素の隣の炭素に結合している水素）の引き抜きの反応（水素原子をH^+の形で奪う反応）を起こします。その結果、脱離生成物を与えることになります。

脱離反応にも一分子脱離（E1）と二分子脱離（E2）の機構があります。図5.11に示しているように、S_N1とS_N2の反応機構と基本的には同じ考え方です。置換反応と脱離反応の違いは、求核剤（塩基）の攻撃部位がα炭素なのかβ水素なのかの違いです。つまり、反応の途中までは、同じ経路で進行しているのです。このため、通常置換反応と脱離反応は競合して、両方の生成物が得られてきます。しかし、一般に脱離反応の方が、高い温度（エネルギー）が必要であり、つまり、反応の進行に必要な活性化エネルギーが大きいのです。したがって、反応温度などの条件をうまくコントロールすることで、置換反応か脱離反応の一方を優先させて起こすことも可能です。

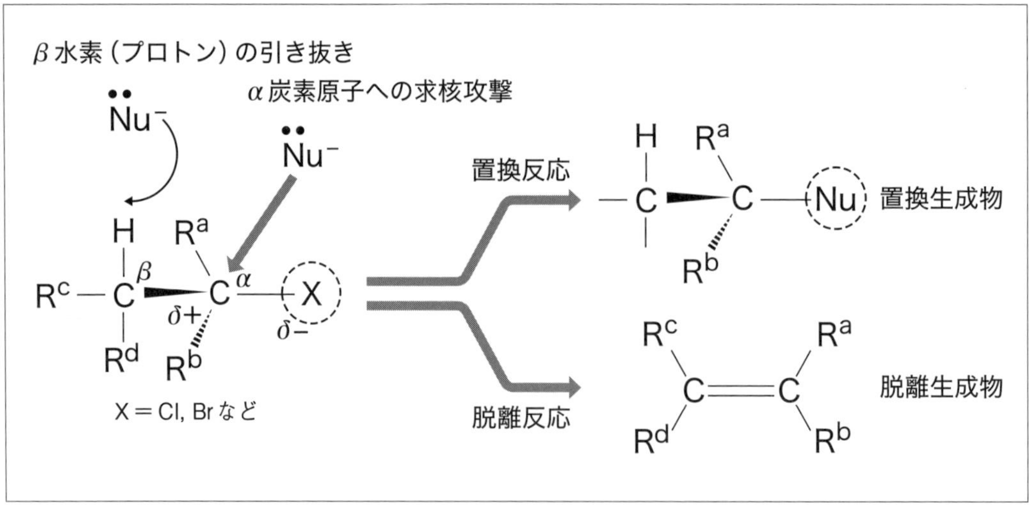

❖ 図5.10 ハロゲン化炭化水素の置換反応と脱離反応

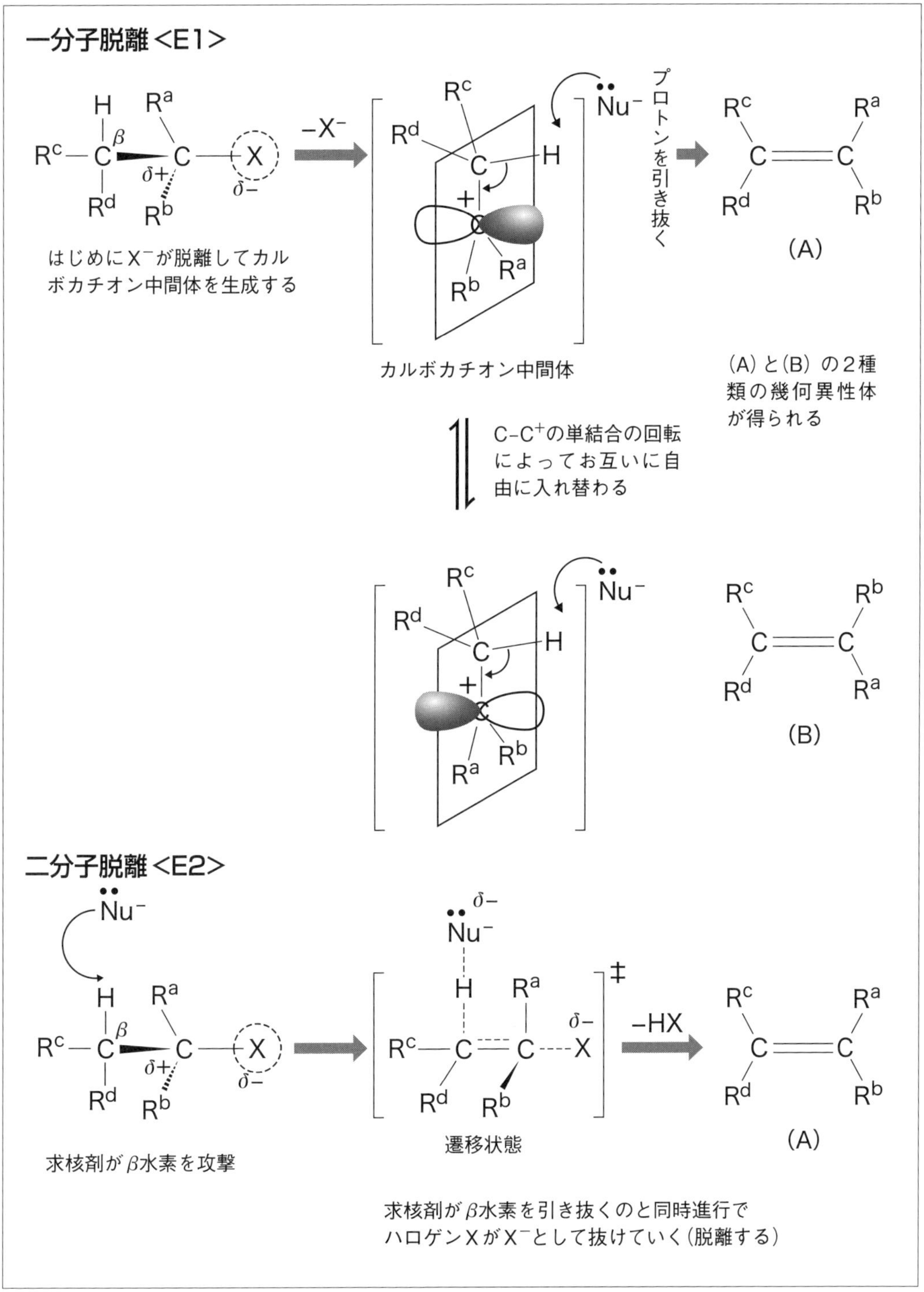
一分子脱離 <E1>
$-X^-$
プロトンを引き抜く
はじめにX^-が脱離してカルボカチオン中間体を生成する
カルボカチオン中間体
(A)
(A)と(B)の2種類の幾何異性体が得られる
C-C^+の単結合の回転によってお互いに自由に入れ替わる
(B)
二分子脱離 <E2>
遷移状態
$-HX$
(A)
求核剤がβ水素を攻撃
求核剤がβ水素を引き抜くのと同時進行でハロゲンXがX^-として抜けていく(脱離する)

❖ 図5.11 ハロゲン化炭化水素の脱離反応の2つの反応機構

脱離反応の生成物のアルケンは、出発物質の置換基R^a、R^b、R^c、R^dによって幾何異性体の存在が考えられます。つまり、図5.11のE1反応の機構のところに書かれています(A)と(B)の幾何異性体です(R^aとR^cが同じ側にあるものと反対側にあるものの2種類です)。E1の反応機構では、中間体のカチオンの$C-C^+$の単結合が自由に回転できるため、R^aとR^cやR^dとの相対的な位置関係を自由に変えることができます。その結果、2つの幾何異性体(A)と(B)の生成が可能になります。つまり、生成物の立体構造についての選択性はありません。一方、E2の機構の場合には、図5.12のような立体配座、つまり脱離する2つの原子HとXが反対の位置関係(アンチの配座という)にある構造で脱離反応が進行することがわかっています。したがって、この機構では、図5.11、図5.12で示した立体の化合物、つまり(A)しか生成しません。

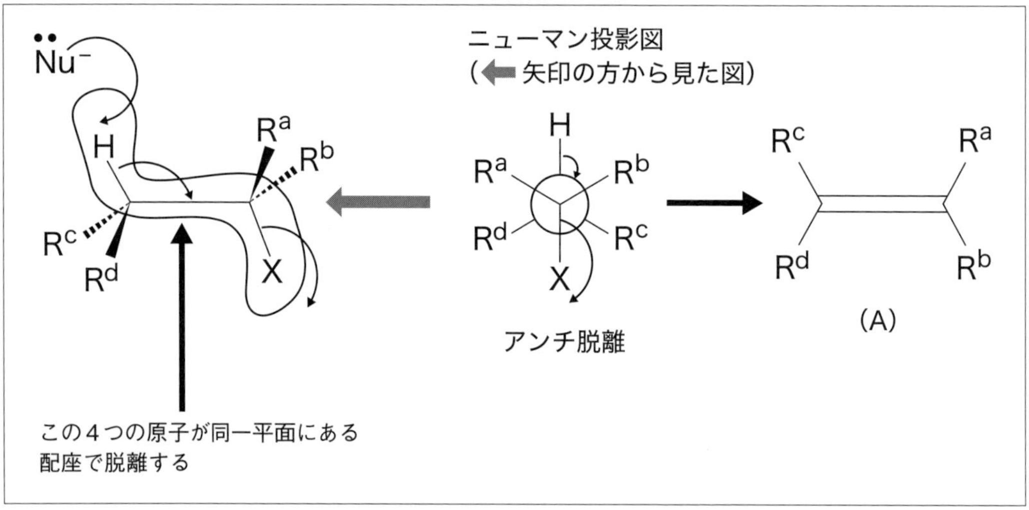

❖ 図5.12 E2反応機構における遷移状態の配座

さらに、脱離反応にはもう1つの選択性が存在します。それは図5.13に記載した位置選択性というものです。脱離しうる水素原子が2種類ある場合、2種類の生成物が得られてくる可能性が出てきます。この場合には、生成物の熱力学的安定性によって決まる、つまりより安定な生成物が得られてくることになります。その安定性は、図5.14に示されたようになります。

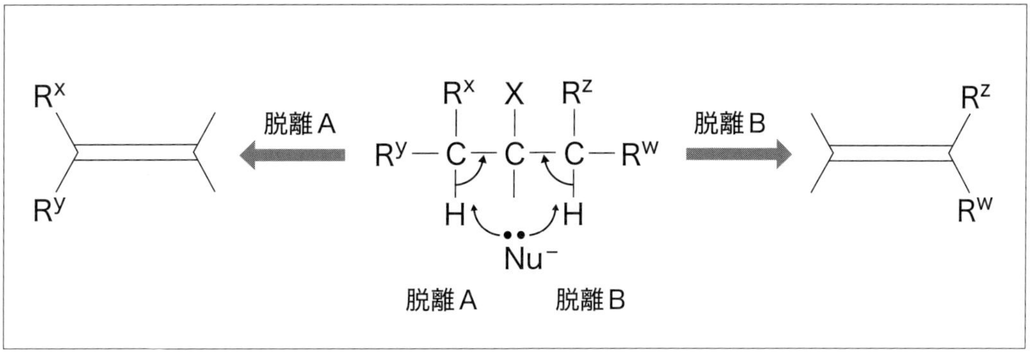

❖ 図5.13　脱離反応の位置選択性

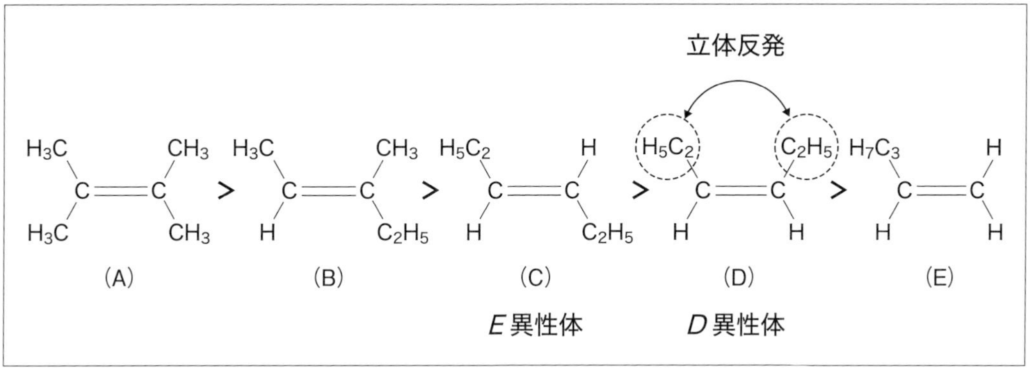

❖ 図5.14　アルケンC_6H_{12}の安定性

図5.14のアルケンの安定性はまず、置換しているアルキル基(CH_3, C_2H_5など)が多ければ多いほど安定になります。これは、図5.15で示した超共役が効果的にはたらくためです。そして、(C)と(D)の幾何異性体間の安定性の違いは、置換基どうしの立体反発の有無によります。

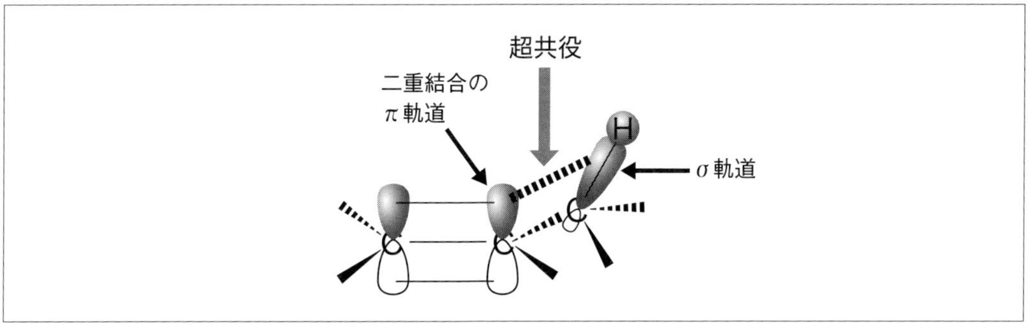

❖ 図5.15　超共役の仕組み

ベンゼンの反応(芳香族求電子置換反応)

ベンゼン系芳香族化合物の代表的な反応である芳香族求電子置換反応を図5.16にまとめました。電子の豊富なベンゼン環を目指して、求電子試薬E^+が付加するところから芳香族求電子置換反応は始まります。実際の反応では、(1)から(3)に示したような試薬から生成した親電子性の反応活性種Br^+、NO_2^+、SO_3H^+などがベンゼンの豊富なπ電子に付加することから反応が進みます。しかし、図5.16の反応を見て不思議になりませんか。ベンゼン環のπ電子にたとえばBr^+が付加したら、ベンゼン環の二重結合の1つが単結合になるのではと思うでしょう。でも、実際には、付加生成物ではなく、ベンゼンの水素原子の1つが臭素原子に置き換わった置換生成物が得られてくるのです。この疑問に対する答えは、反応の機構を考えることによって得られます。

(1)	ブロム化	Br_2と$FeBr_3$から	Br^+
(2)	ニトロ化	濃硝酸＋濃硫酸	NO_2^+
(3)	スルホン化	発煙硫酸	SO_3H^+

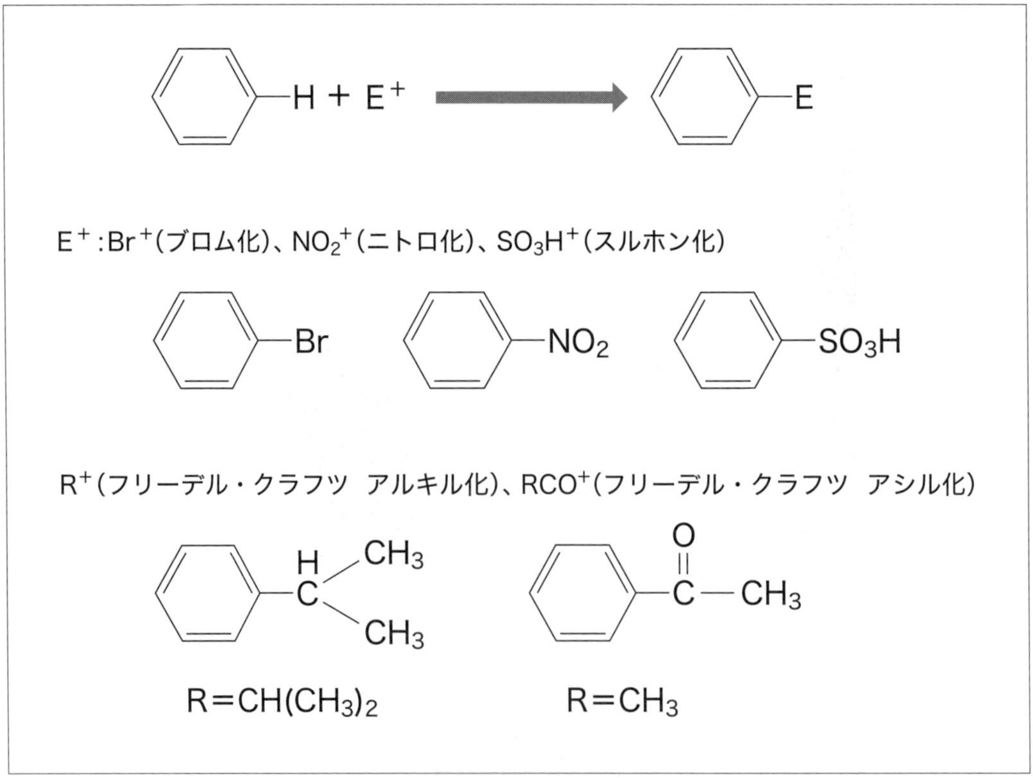
H + E+
E
E+:Br+(ブロム化)、NO2+(ニトロ化)、SO3H+(スルホン化)
Br
NO2
SO3H
R+(フリーデル・クラフツ アルキル化)、RCO+(フリーデル・クラフツ アシル化)
H
CH3
C
CH3
O
C
CH3
R=CH(CH3)2
R=CH3

❖図5.16 芳香族求電子置換反応

芳香族求電子置換反応の機構を図5.17に示しました。ベンゼンのπ結合にE^+が求電子付加して、カルボカチオン中間体を生成します。この中間体は図に示したように共鳴によって安定化されています。ここまでは、今まで説明してきた二重結合への親電子付加反応と同じです。ここから後が、芳香族化合物の特別な性質が重要なカギを握っています。すでに説明したように、ベンゼン環は、単純に二重結合が3つ環状に結合した化合物ではありません。芳香族性という大変な安定性を獲得している分子なのです。このため、通常の二重結合を有する化合物、アルケン類とは大きく異なった反応性を示します。普通の二重結合は、臭素分子や塩化水素などと容易に付加反応を示します。たとえば、臭素は褐色の液体です。この臭素をアルケンに加えると、臭素の色がなくなり無色となります。しかし、ベンゼン環を有する化合物に臭素を加えても褐色のままで全く変化しないのです。つまり、臭素とは反応しません。臭素原子をベンゼン環の二重結合に付加させるためには、大変反応性の高いBr^+が必要なのです。このため、はじめに述べたような試薬が必要になります。ベンゼン環への求電子試薬の付加によって生成したカルボカチオン中間体は、ある程度の安定性を持っています。しかし、ベンゼン環が持っている芳香族性という安定性に比べたら微々たるものです。このため、カルボカチオン中間体はH^+を放出することで、芳香族化による膨大な安定化エネルギー得て、再びベンゼン環を有する化合物となります。これが、芳香族求電子置換反応です。

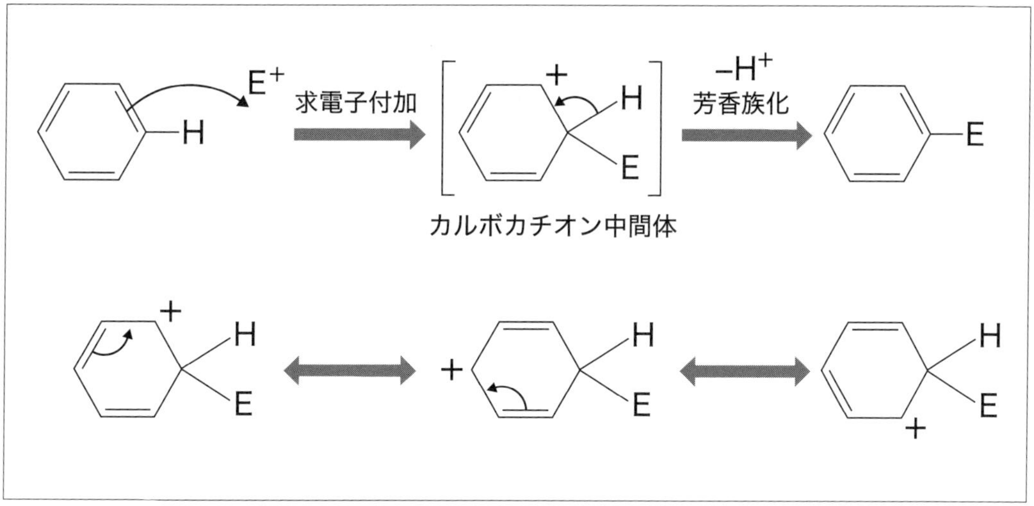

❖ 図5.17　芳香族求電子置換反応の反応機構

芳香族求電子置換反応には、さらに面白い特徴があります。ベンゼン環に1つの置換基が置換したモノ置換ベンゼン化合物の求電子置換反応について考えてみましょう。まず、置換基が導入されることによって、ベンゼン環の反応性がどのように変化するか、つまり高くなったり、低くなったりするかについて図5.18にまとめてあります。

		共鳴効果	誘起効果
反応性高い（活性化）	**電子供与性** X = NH_2, OH, OCH_3, $NHCOCH_3$	非共有電子対の関与した共鳴効果で、カルボカチオン中間体を安定化	
	X = CH_3, benzene 環	超共役やベンゼン環との共役によってカルボカチオン中間体をやや安定化	
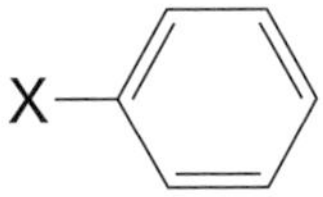	X = F, Cl, Br, I		誘起効果によってカルボカチオン中間体を不安定化
反応性低い（不活性化）	X = CHO, $COCH_3$, COOH, $COCH_3$, SO_3H, CN, NO_2, N^+R_3 **電子吸引性**	C=Oとの共役による共鳴効果でカルボカチオン中間体を不安定化	誘起効果によってカルボカチオン中間体を不安定化

❖ 図5.18　芳香族求電子置換反応の反応性に与える置換基の効果

図5.18に示したようにベンゼン環の反応性には、共鳴効果と誘起効果が大きくかかわっています。特に共鳴効果は、芳香族化合物の反応性にとって重要です。置換基には、ベンゼン環に電子を与える能力（電子供与性）を有する置換基と反対に電子を奪ってしまう能力（電子吸引性）の置換基とがあります。図5.17に示した反応機構から、ベンゼン環の電子密度が高くなるほど反応がより容易に起きることがわかります。つまり、置換基の電子供与性が大きければ大きいほど芳香族置換反応の反応性が大きくなり、逆に置換基の電子吸引性が大きければ大きいほど、芳香族求電子置換反応が起きにくくなります。たとえばアミノ基NH_2の置換したアニリンは、芳香族求電子置換反応が容易に起きるのに対して、ニトロ基NO_2の置換したニトロベンゼンは、反応しにくくなります。

ところで、ベンゼン環に1つの置換基が置換したモノ置換ベンゼン化合物には、反応性の問題とともに、配向性の問題があります。配向性とは、図5.19で示したように、2つ目の置換基が1つ目に置換基に対してどの位置に置換するかです。その置換の様式には、3種類あり、生成する置換体としてオルト体、メタ体、そしてパラ体と呼んでいます。

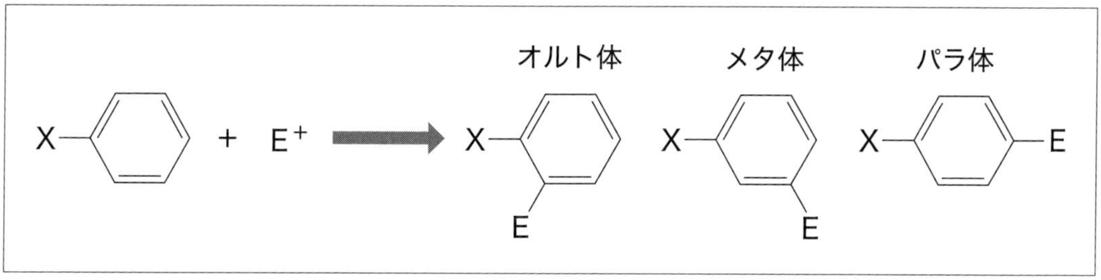

❖ 図5.19　芳香族求電子置換反応の配向性

では、2つ目の置換基がどの位置に入るのかはどのようにして決まるのでしょうか。この配向性ついてもカチオン中間体について考えることによって、その配向性の問題をよく理解することができます。図5.20のように、それぞれの攻撃によって生成したカチオンは3種類の構造によって安定化しています。しかし、この安定化が、はじめに置換している置換基が電子を供与する性質が大きいのか、逆に電子を奪ってしまう性質を持っているのかによって大きく影響を受けます。カルボカチオン中間体で重要なのはオルトとパラの点線で囲んである構造です（図5.20）。いずれも置換基の根元にカチオンのある構造です。ベンゼン環の反応性を高める電子供与性置換基（OH、NH_2など）の場合には、これらの置換基の持っている非共有電子対による電子供与性の効果によってこの点線で囲まれた、構造の安定性が増します。しかし、メタ攻撃のカチオン中間体にはこのような安定化はありません。つまり、メタよりもオルトとパラに置換した方が中間体のカチオンが安定化するため、オルトとパラへの付加反応が優位に進行することになります。その結果、オルト置換体とパラ置換体がメタ置換体に優先して生成することになります。実際にこれらの官能基の置換したベンゼン系化合物はオルト、パラの置換体を生成する傾向を示し、このことをオルトパラ配向性といいます。一方、不活性な置換基、つまりベンゼン環から電子を奪ってしまうような性質のNO_2などの電子吸引性置換基の場合には、逆に点線で囲んである構造の不安定性が増大します。その結果不安定化の要因のないメタ体が優先して生成することになります。そのことをメタ配向性といいます。

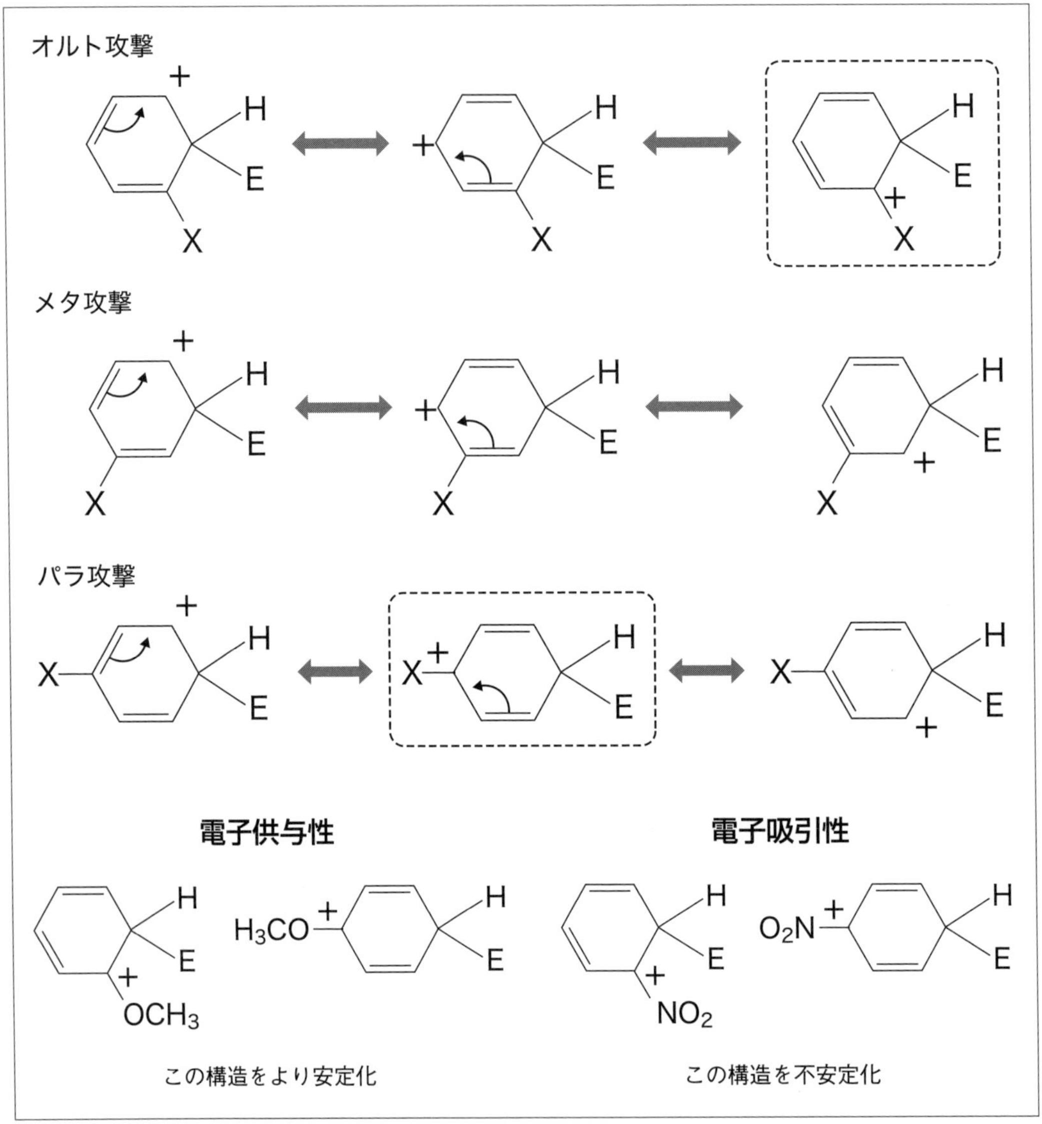
オルト攻撃
メタ攻撃
パラ攻撃
電子供与性
電子吸引性
この構造をより安定化
この構造を不安定化

❖ 図 5.20　芳香族求電子置換反応の配向性を決める要因

ベンゼン環には、このような反応性の特徴があるため、さまざまな化合物の合成に利用され、私たちの生活を豊かにすることに役立っています。

コラム

物質の性質を操る力；有機化学反応

有機化合物の性質を決める大きな要因の1つが官能基の違いであり、この官能基の変換が、有機化学の反応の重要な特徴になっています。例として、ベンゼンの反応についてみてみましょう。ベンゼンは、炭素原子と水素原子からのみ構成されている炭化水素化合物です。このため、水には溶けない脂溶性の化合物です。このベンゼンは、芳香族求核置換反応の1つであるスルホン化によって、ベンゼンスルホン酸になります。この化合物は、官能基の性質で水によく溶けるようになります。つまり、この化合物は水溶性です。一方、ベンゼンをニトロ化することで得られるニトロベンゼンは、ベンゼンと同じく脂溶性で、水にほとんど溶けません。ところが、このニトロベンゼンを還元することによって得られるアニリンは、少し水に溶けるようになります。しかも、塩基の性質を示します。ここで、先ほど登場したベンゼンスルホン酸に目を向けてみてください。この化合物は、酸性です。このように、書いてしまうと何の不思議も感じないでしょう。しかし、よく考えてみるとちょっとした反応で、まったく逆の性質になってしまう、物質にとっては大変な変化が起きているのです。

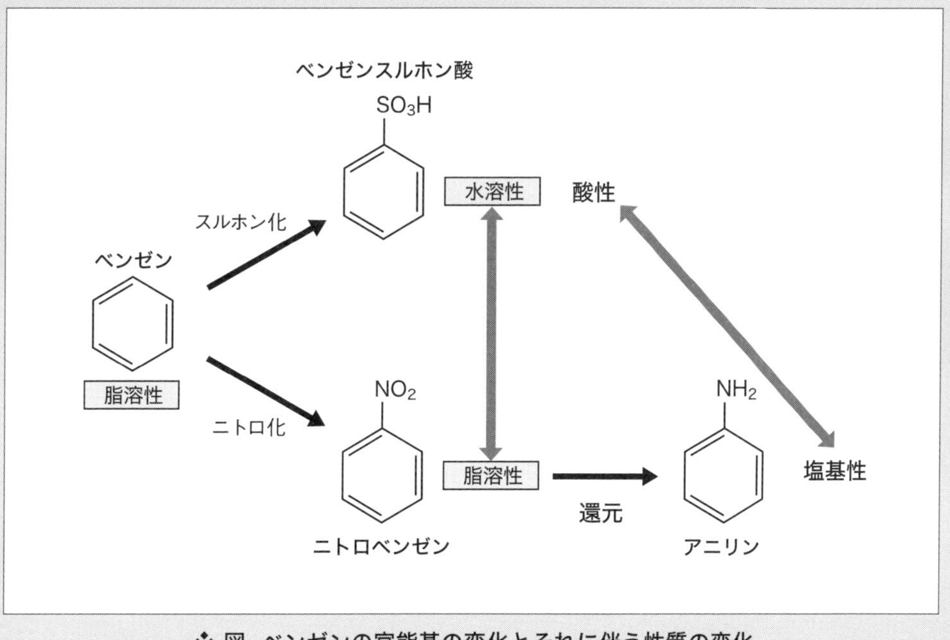

❖ 図　ベンゼンの官能基の変化とそれに伴う性質の変化

ところで、多くの有機化合物は、分子の中にさまざまな官能基をいくつも持っています。そのため、分子として多様な性質を示します。アミノ酸は、酸性を示すCOOHと塩基性のNH_2の2つの官能基を持っていますよね。さらに、アミノ酸の中には、COOHが2つある化合物もあり、酸塩基性について考えただけでもさまざまな性質をもつ有機化合物が生み出されていくことがわかるでしょう。有機化合物は、化学反応の力を借りて、さまざまな性質を持った化合物へと変化していく変幻自在の物質なのです。

ドクン…
ドクン…
ありがとう…ございます
え…えっと
…つくづく キミは存在感 薄かったんだな
……
でも 名前すら 知らなかった人に いきなり愛の告白 されても……
コク…
し…しかし これはボクの 偽らざる本音です！
ノゾミさんも率直な 気持ちで答えてください!!

ごめんなさい
私 来月
結婚するので

あ コレ 婚約者の
写真です
エヘヘ…
ちっ… なーんだ
そういうことかよ
あー 帰ろ帰ろ
ポン
ナイス勇気だったぞ
加賀クン！
えーっと…
こんなときどういう
顔すればいいのか……
ああっ!!

—— 前にキミと
ノゾミさんは少し
似ているといったが
案外マジメで勉強熱心な
所ばかりか天然ボケまで
似ていたとはなー
ああ…
ノゾミさん…
私たちこれからも
いいお友達で
いましょ
ねっ！
佐賀クン
名前も間違って
覚えられ
ちゃってたし…
どのみち
婚約者が
いるんじゃ
生殺しだよォ
……うう一
おっと
ピコーン
ピコーン。。。

迎えのUFOが着いたが…
だがな…加賀クン キミはこの短期間で 人間としても 有機化学研究者としても 大きく成長できた
えっ
キミの「勇気」が もたらした 見事な「結果」だよ
それに捨てる神あれば 拾う神あり
加賀クンのがんばる様を 中継で観ていたミス銀河の 私の妹が好意を持ってな
えっ…
えっ!?
ぜひ　キミと お付き合いしたいと―― はるばる会いにきている

ゴゴゴ
紹介しよう！
妹の
ムキ子だ
カ…
カガ…クン
フシュー
フシュー
アダシと…
ケッコンヲ
ゼンテイニ
コウサイ
シテ……
さあ加賀クン！
地球人史上初
宇宙人とのラブラブ
新世紀へー…
ボ…ボク普通の
大学生で
いいです〜っ!!

付録

生体を作っている有機化合物

生体を構成する主な有機化合物の概観

有機化合物とはもともと生物体に存在している化合物を指すものでした。代表的なものに、タンパク質、脂質、糖質（炭水化物）などがあります。図A.1にこれらの化合物の概要をまとめました。これらの物質の分子は、今までに取り上げてきた分子に比べて、大変大きな巨大分子です。しかし、有機化合物であることには変わりありません。これらの性質も、その基本は今まで説明してきた有機化合物の性質から考えることができます。

生物の体を作っている有機化合物であるタンパク質、脂質、そして糖質（炭水化物）を分子の世界から、それらの分子の特徴について眺めてみることにします。

	糖質（炭水化物）	脂質	タンパク質
構成単位	単糖類 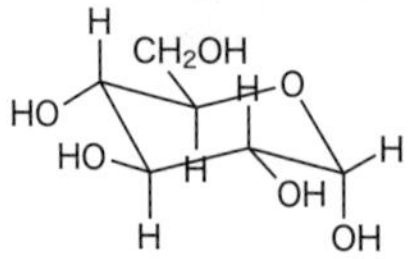 α-D-グルコピラノース α-アノマー ⇅ 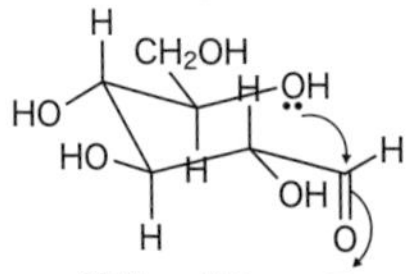 鎖状D-グルコース ⇅ 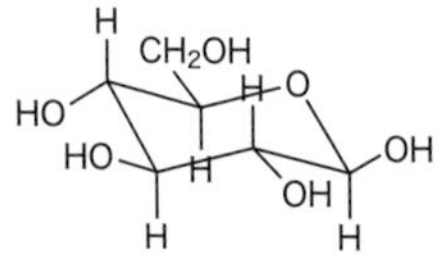 β-D-グルコピラノース β-アノマー	脂肪酸 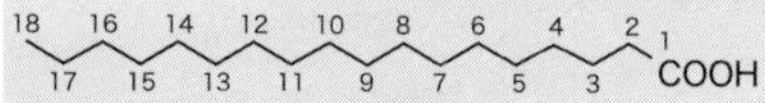 ステアリン酸 （オクタデカン酸） イソプレン	α-アミノ酸 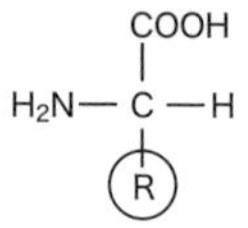 α-アミノ酸
自然界の存在形態	スクロース（二糖類） セルロース デンプン	グリセリド テルペン（イソプレノイド）	酵素 ヘモグロビン
用途	エネルギー源 生体の構造の維持 分子、細胞の認識	生体エネルギーの貯蔵 細胞膜の構成 細胞間のシグナル伝達	生体物質の変換 生命活動の支持

❖ 図A.1　生体を構成する代表的な有機化合物

タンパク質

まず、タンパク質とはいったいどんなものでしょうか。タンパク質は、主に炭素と水素で作られ、さら窒素と酸素、および硫黄が加わってできている有機化合物です。しかし、これまでに取り上げた有機化合物とは決定的に違う点があります。それは分子の大きさです。有機化合物を構成している分子は顕微鏡を使っても見られない非常に小さな粒子です。そのため、皆さんは、どのような道具を使ってもなかなか分子は見ることができないと思っていませんか。実はそんなことはなく、なかには何の道具もなく肉眼で実際に見ることのできる分子があります。それは小さな分子が数千、数万もつながった巨大分子高分子化合物と言われるものです。タンパク質も高分子化合物の1つなのです。

タンパク質の構成成分

タンパク質は、いったいどのような分子が連なってできているのでしょうか。タンパク質を構成している単位ともいうべき化合物、アミノ酸です。アミノ酸とは、アミノ基（NRR'）とカルボキシ基（COOH）の両方の官能基を持つ有機化合物のことを言いますが、特に図A.2に示したように、1つの炭素原子にアミノ基とカルボキシ基を持つ α-アミノ酸という分子が生体にとって重要なアミノ酸になります。α-アミノ酸のRの部分にいろいろな分子構造を持つ20種類の α-アミノ酸が生体にとって必要なものです。このRがHのものがグリシンです。

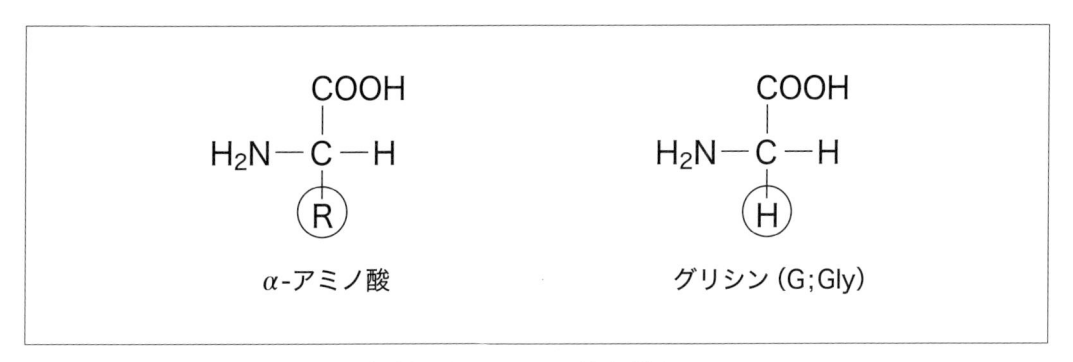

COOH
H2N — C — H
R
COOH
H2N — C — H
H

α-アミノ酸　　グリシン (G;Gly)

❖ 図A.2　α-アミノ酸とグリシン

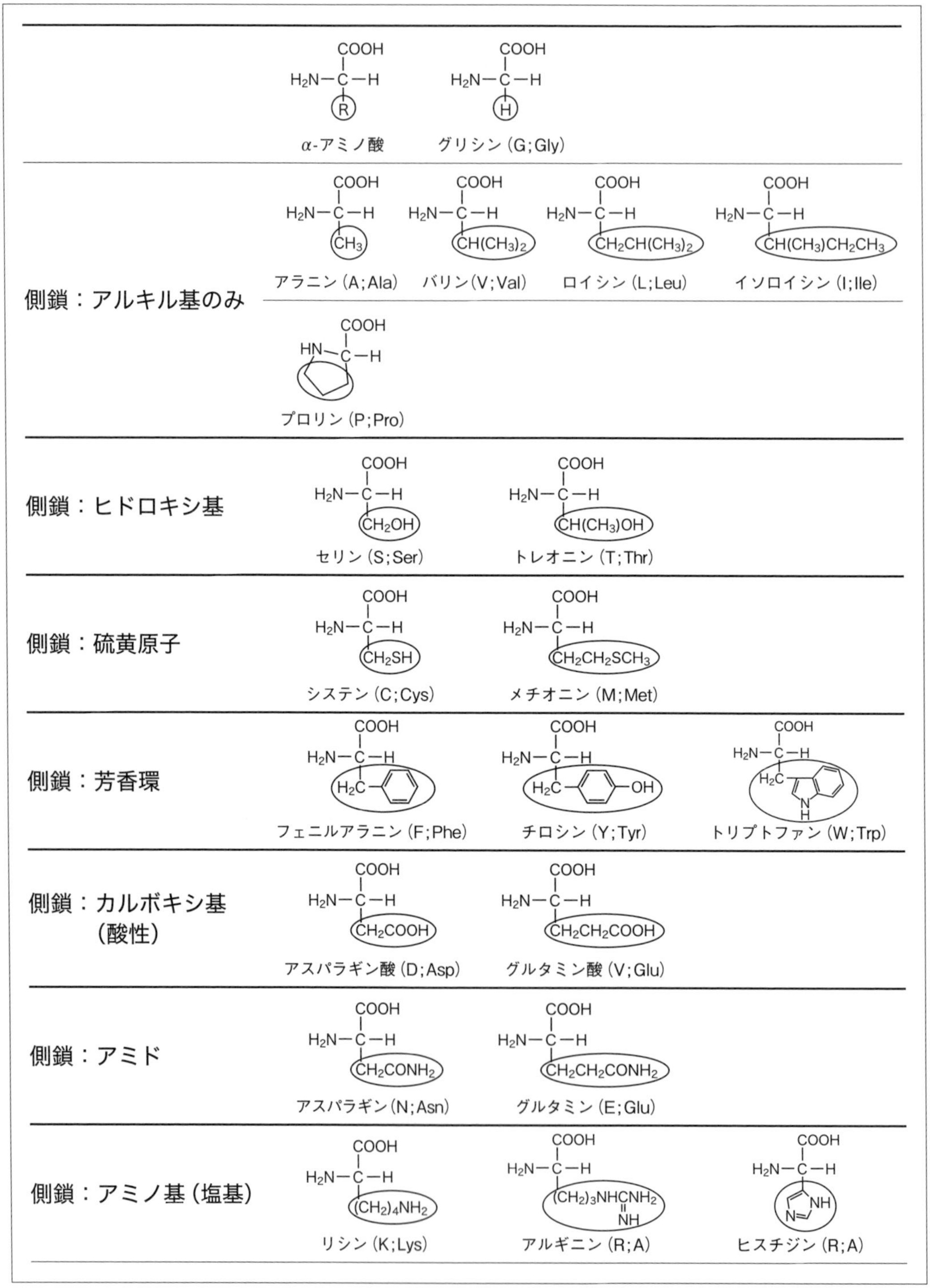
α-アミノ酸
グリシン (G;Gly)
側鎖：アルキル基のみ
アラニン (A;Ala)
バリン (V;Val)
ロイシン (L;Leu)
イソロイシン (I;Ile)
プロリン (P;Pro)
側鎖：ヒドロキシ基
セリン (S;Ser)
トレオニン (T;Thr)
側鎖：硫黄原子
システン (C;Cys)
メチオニン (M;Met)
側鎖：芳香環
フェニルアラニン (F;Phe)
チロシン (Y;Tyr)
トリプトファン (W;Trp)
側鎖：カルボキシ基 (酸性)
アスパラギン酸 (D;Asp)
グルタミン酸 (V;Glu)
側鎖：アミド
アスパラギン (N;Asn)
グルタミン (E;Glu)
側鎖：アミノ基 (塩基)
リシン (K;Lys)
アルギニン (R;A)
ヒスチジン (R;A)

❖ 図 A.3 タンパク質を構成している α-アミノ酸

図A.3にグリシンを含めた20種類のアミノ酸をあげました。これらのアミノ酸がたくさん結合してタンパク質が作られています。図A.3で各アミノ酸の名前のカッコ内にあるGやGlyはその略号で、20種類のアミノ酸すべてに略号が決められています。タンパク質はこれら20種類のα-アミノ酸がいくつも連なって作られている巨大分子です。その分子の構造を示すのに、いちいち分子式などを書いては不便なため、このような略号を使います。20種類のα-アミノ酸を眺めてみるとこれらの分子がある特徴を持っていることにがわかります。その特徴とは、グリシン以外に共通のものです。グリシンの炭素原子には水素原子が2個とアミノ基NH_2とカルボキシ基COOHが結合しています。アラニンはH, CH_3, NH_2, COOHの4種類の原子または原子団が結合しています。つまり、この炭素原子は不斉炭素原子です。グリシン以外の19種類のα-アミノ酸は、すべて不斉炭素原子を持っています。不斉炭素原子を持っているということは、鏡の関係にある鏡像異性体が存在するということになります。実は、タンパク質を構成しているα-アミノ酸はすべて2つの鏡像異性体のうちの一方の立体配置を持っているアミノ酸(L-アミノ酸という。このアミノ酸の鏡の関係にあるものはD-アミノ酸という。)からのみ作られています。このことは、化学物質の生体の働きにとって重要なことです。

たとえば、薬になる有機化合物の分子のほとんどは、たくさんの不斉炭素原子を有する分子構造を持っています。したがって、鏡像異性体が存在します。図A.4にその例を示しました。2種類の鏡像異性体のうちの(*R*)−サリドマイドのみが薬となり、もう一方のS体は、薬になるどころか毒性を示します。1960年ごろに起きた薬害の原因となった化合物です。その後毒性のあるS体がある病気に有効であることがわかり、現在薬として使われるようになっています。もう少し、身近な例では、図A.5のグルタミン酸をあげることができます。グルタミン酸にも2つの鏡像異性体が存在します。これらの異性体のうちL体のみ、うま味を示すため、調味料などに使われています。

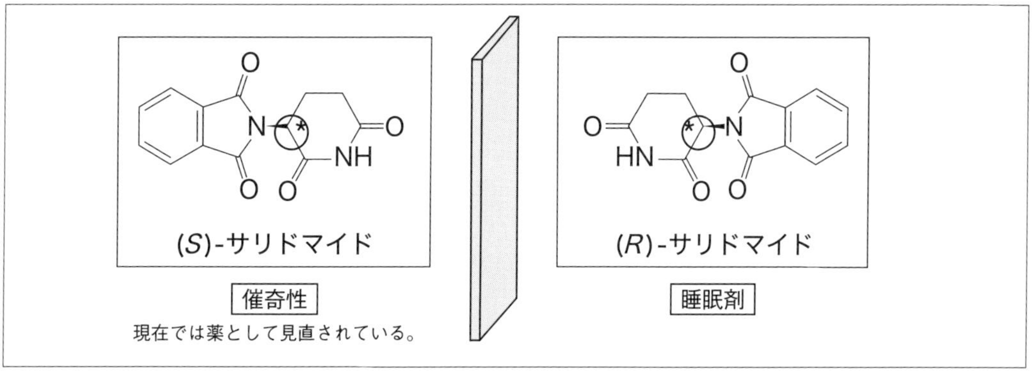

❖ 図A.4 サリドマイドの2つの鏡像異性体(丸で囲んだ炭素原子が不斉炭素原子)

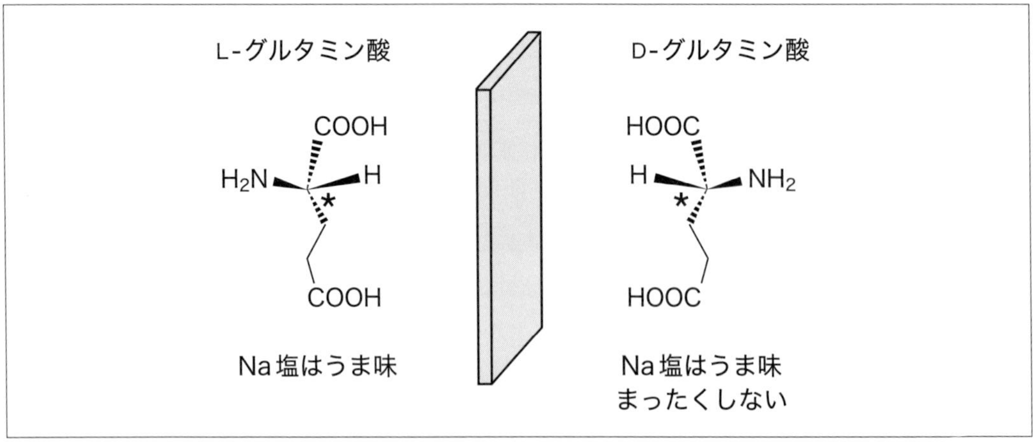
L-グルタミン酸
COOH
H2N
H
COOH
Na塩はうま味
D-グルタミン酸
HOOC
H
NH2
HOOC
Na塩はうま味
まったくしない

❖ 図A.5 グルタミン酸の２つの鏡像異性体

双生イオン：α-アミノ酸

さて、もう一度α-アミノ酸の構造を見てみましょう。α-アミノ酸の分子にはアミノ基NH_2とカルボキシ基COOHが存在します。まず、この2つの官能基はどちらも水と仲が良い親水性の官能基です。この2つの官能基の存在で水によく溶けます。逆に、有機溶媒など油性のものにはほとんど溶けません。ここで有機化合物の酸塩基のことを思い出してください。アミノ基は窒素上の非共有電子対によって塩基としての働きをします。また、カルボキシ基COOHはH^+を生成する能力がある、つまり酸として働きます。したがってα-アミノ酸は分子中に塩基と酸の両方の官能基が存在しています。この2つの官能基のため、水溶液中のpHによって図A.6のような3種類の異なった構造で存在しています。図A.6の真ん中の構造の分子は、分子中にアニオンとカチオンが存在します、このような構造のイオン性の分子を双性イオンと言います。では、この双生イオンの構造はどのように考えればよいでしょうか。まず。アミノ酸の分子中のCOOHからH^+が放出されます（酸性の性質を持つということ）。一方、分子中にはアミノ基という塩基性の官能基も存在します。このアミノ基がH^+を拾います。その結果、双性イオンとなるのです。

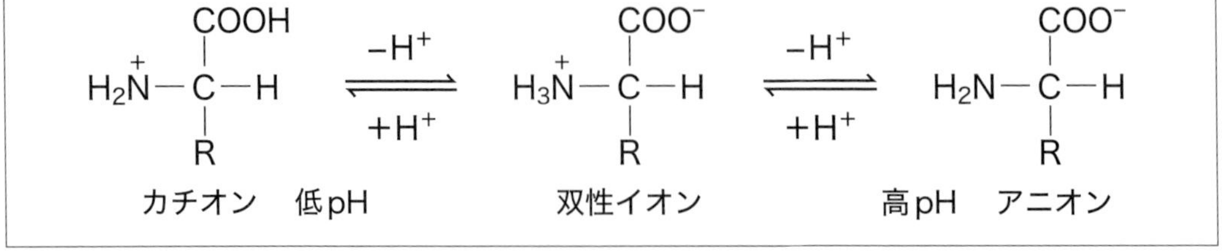
COOH
H2N—C—H
R
−H+
+H+
COO−
H3N—C—H
R
−H+
+H+
COO−
H2N—C—H
R
カチオン　低pH
双性イオン
高pH　アニオン

❖ 図A.6 α-アミノ酸の構造

α-アミノ酸からタンパク質へ

ここで、また、図A.3を見てみましょう。これらの図ではα-アミノ酸のR（側鎖と言います）によって分類してあります。側鎖が実に多様な性質の原子団からできているのがわかるでしょう。酸性のもの塩基のもの、親水性のもの親油性のものなどです。有機分子の持っている重要な性質がすべてこの側鎖に存在しています。このことが、タンパク質のさまざまな働きの重要な要因となっているのです。

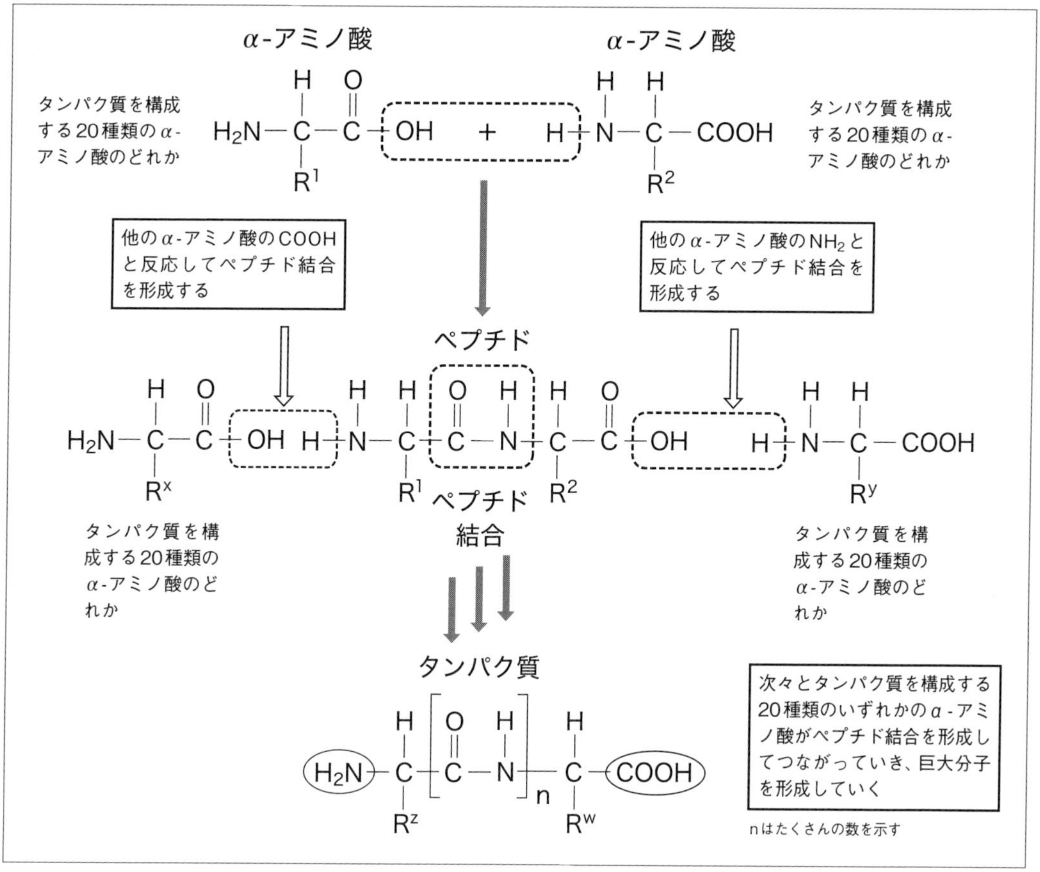

❖ 図A.7 α-アミノ酸からのポリペプチド、タンパク質の生成

α-アミノ酸からどのようにしてタンパク質が作られているのでしょうか。図A.7に示したようにα-アミノ酸のアミノ基が求核剤として働いて$\delta+$性を持ったカルボキシ基の炭素と反応してペプチド結合を形成します（反応機構については図A.8参照）。ここで、R^1, R^2は異なったα-アミノ酸の側鎖を示しています（R_1, R_2と書くとRが1個、Rが2個あるという意味になるので、注意）。さて、α-アミノ酸は図A.7に示した過程を何万回も繰り返すこ

とでタンパク質という高分子になっていきます。その結果、ペプチド結合でつながった巨大分子が出現するわけです。このとき巨大分子の表面に元のα-アミノ酸の側鎖が並ぶことになります。この側鎖は先ほど説明したようにさまざまな性質を持っています。他の分子がタンパク質に近づくとこの側鎖の原子団に遭遇し、側鎖原子団の組み合わせによって相手の分子と親水性、疎水性、酸、塩基などに基づくさまざまな相互作用が繰り広げられることになるのです。基本的には、このような仕組みで生体のさまざまな働きが生み出されてくるのです。

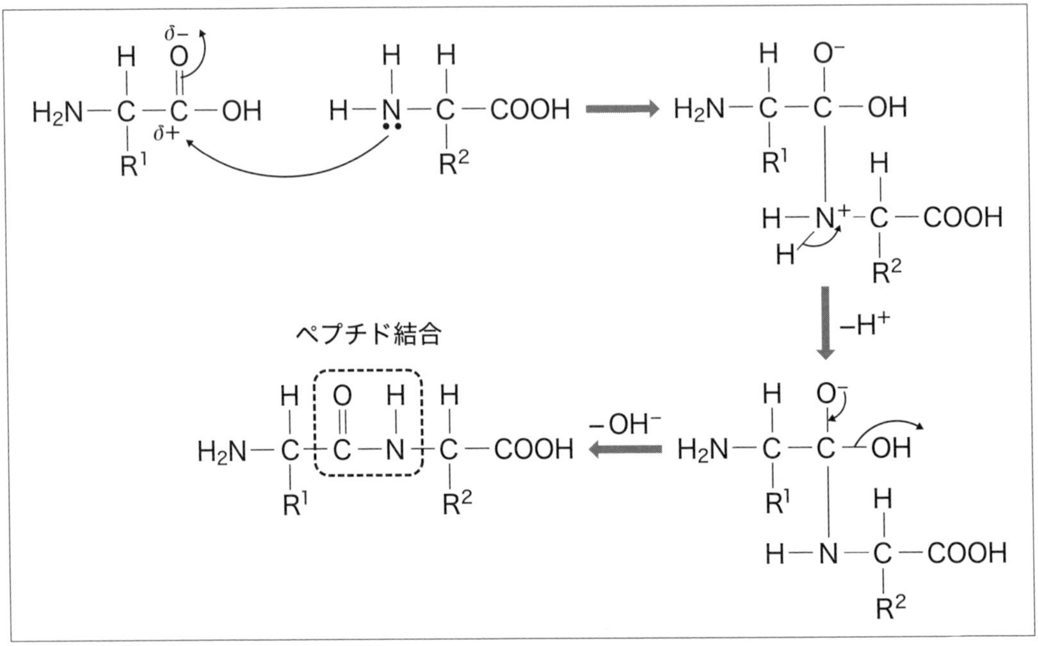

❖ 図A.8　α-アミノ酸からのペプチド結合生成の機構

脂質

脂質とは、極性が低く水に溶けないが有機溶媒などの油性のものに溶ける生体成分を指します。生体ではエネルギー発生源として重要な物質です。その代表的なものに油脂があります。他に炭素5個からできている不飽和炭化水素のイソプレンから作られたテルペン類という化合物群も重要な脂質です。

油脂は脂肪酸とグリセロール（グリセリン、1,2,3-プロパントリオール）が図A.9のようにエステル化することによって生成したグリセリドという化合物群のことです。グリセロールは3つのヒドロキシ基を持った3価アルコールです。

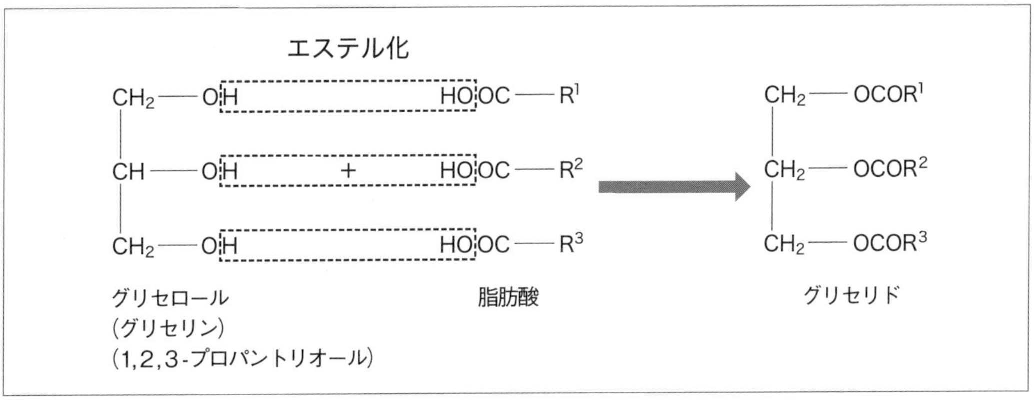

❖ 図A.9 グリセリドの生成

このグリセリドを構成している脂肪酸とは、炭素数12～18個の偶数の炭素鎖を持っている長鎖のカルボン酸のことです。食生活にかかせない、いわゆる油といわれるものの正体です。自然界には、植物油や魚油など広く存在しています。

図A.10に代表的な例を示しました。

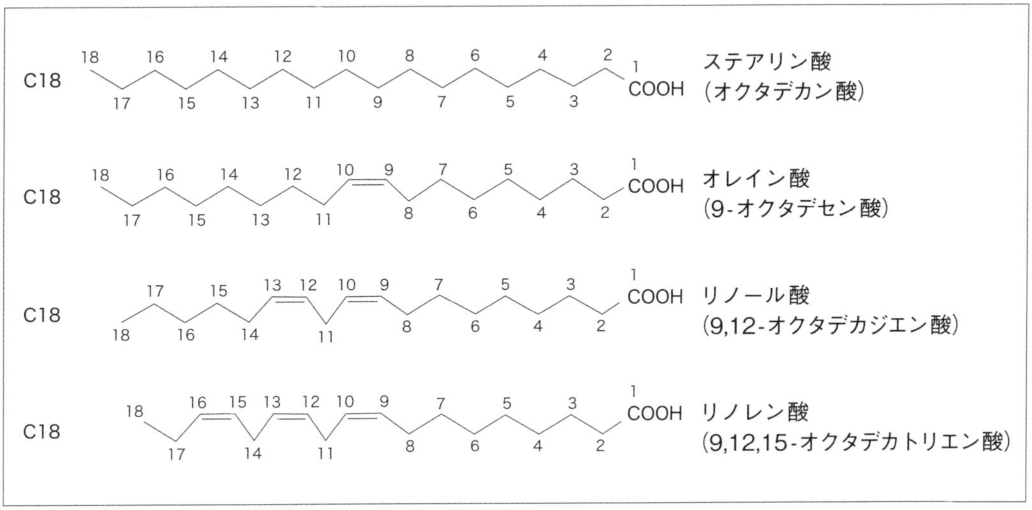

❖ 図A.10 代表的な脂肪酸

図A.10の化合物については昔からよく使われている名前があるため、図のように慣用名で呼ばれます。しかし、これらにもIUPACの規則でつけられた名前があります。カッコの中にある名前です。たとえばステアリン酸は慣用名で、カッコにあるオクタデカン酸がIUPAC規則でつけられた名前です。これらの名前のつけ方について説明します。

図のうちステアリン酸以外は、二重結合を持っています。二重結合が1つの場合には、すでに説明したようにアルカンの名前の語尾のカンをケンと変えて名前をつけます。したがって、図A.10の上から2番目の化合物の名前のIUPACはオクタデセンにカルボン酸を示す酸をつけてオクタデセン酸と命名します。さらに、二重結合が1つありますので、その位置を示す番号9をつけて、9-オクタデセン酸となります。リノール酸では二重結合が2つありますので、そのことを示す名前ジエン（ジとは2つという意味）をつけ、さらに2つの二重結合の位置を示す9,12-をつけてIUPAC名は、9,12-オクタデセン酸となります。リノレン酸になりますと二重結合が3つありますので、3を意味するトリをつけトリエン、そしてその位置番号をつけて9,12,15-オクタトリエン酸となります。

糖質

糖質は炭水化物ともいいます。図A.11に示したように、炭素の数によって分類されています。まず、図A.11に示したフィッシャー投影式という立体構造の書き方について説明します。左の図が、フィッシャー投影式という方法で立体を表現したものです。その右に書かれているのは、今までにも何回か登場してきた立体図の描き方です。この2つは同じ立体構造を表しています。フィッシャー投影式では、不斉炭素の左右に描いた線は、図A.11の右の実線のくさび型の線、つまり紙面から手前に出ている結合を意味しています。同様に上下に描いた線は、破線のくさび型の線、つまり紙面の向こう側に出ている結合を意味しています。この方法を用いると、図A.12に示したように、不斉炭素の数が増えていっても、その立体を容易に示すことができます。この表示方法は、糖質の分子構造の立体を描くときに使われています。

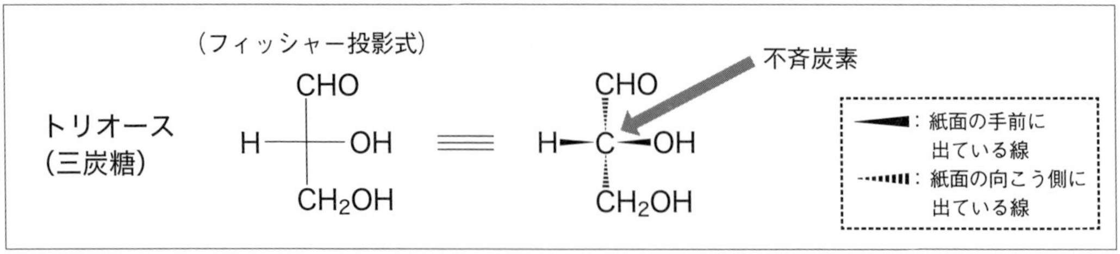

❖ 図A.11　三炭糖 D-グリセルアルデヒドを用いたフィッシャー投影法による立体構造の書き方の説明

1.　糖類の構造上の特徴

図A.12を見てみてわかるように、糖という分子はその構造中にたくさんのヒドロキシ基を持っているため、水に非常によく溶けます。分子骨格を形成している炭素の数によって図に示したように分類されています。自然界では、炭素数5個と6個の糖のペントースとヘキソースが最も多く存在します。図に示した糖を単糖といい、この単糖類が2つ結合したものを二糖類と呼んでいます。糖は、分子中にたくさんの不斉炭素があるため、実にたくさんの異性体が存在します。

さらに、単糖類には図A.13のような構造上の特徴が存在します。溶液中では、糖はこれら3種類の構造を有する分子の平衡混合物として存在しています。通常、鎖状構造よりも環状構造で存在している割合が多いです。環状の構造はシクロヘキサン環のいす形配座と同じ配座で存在し、鎖状の構造から閉環するときに図A.13のように2つの閉環の方向が存在することから、生成する環状化合物のOH（ヒロドキ基）の方向が異なってきます。この違いによって生じる2つ異性体を、それぞれαとβとで区別しています。

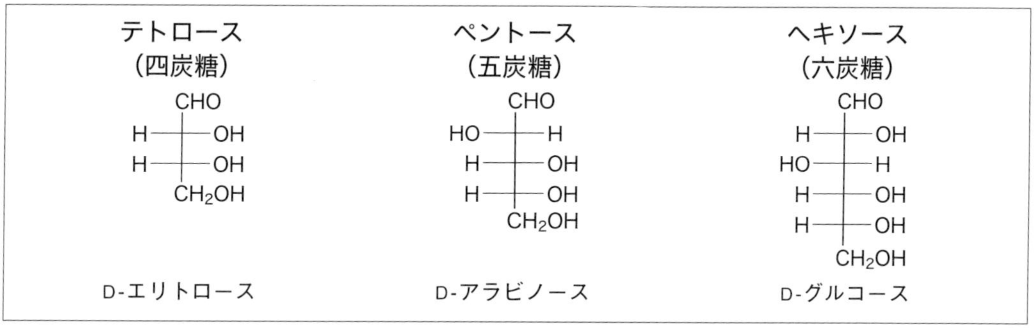

❖ 図A.12　単糖の例

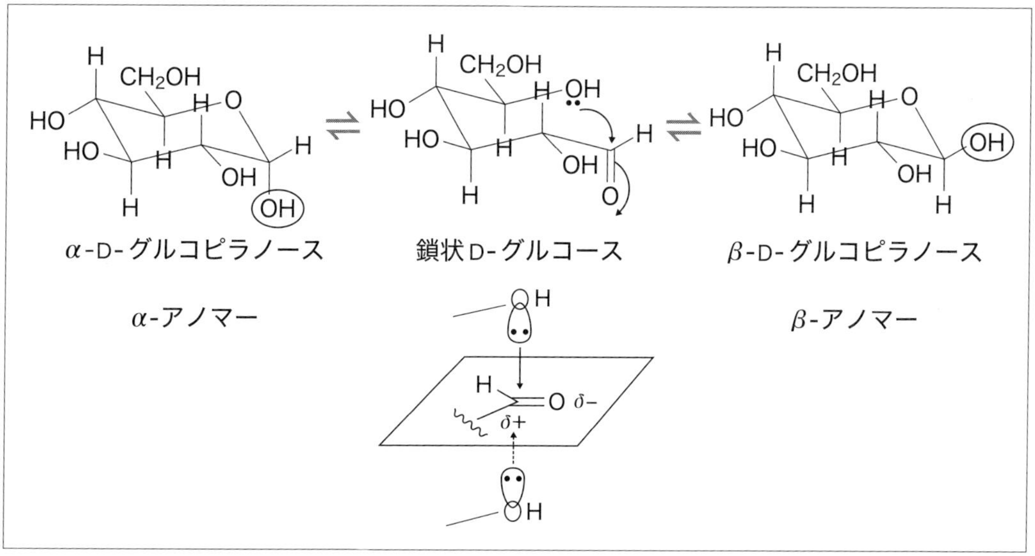

❖ 図A.13　D-グルコースの構造

2. 糖類の巨大分子

自然界には単糖類として存在していることはなく、単糖類どうしが脱水縮合していくつも連なって巨大分子（多糖類という）を形成しています。たとえば、図A.14のようにセルロースは単糖のD-グルコールが連なった高分子化合物です。天然に存在する多糖類は酵素などの働きによって分解され、生体の構造維持や機能に使われています。ちなみに、砂糖と言われるものは、その主成分は図A.14の上段のスクロースといわれる化合物で、2種類の異なった単糖類が脱水縮合した二糖類です。この例でみられるように単糖類の中には6員環（ピラノース）以外に5員環（フラノース）のものも存在します。

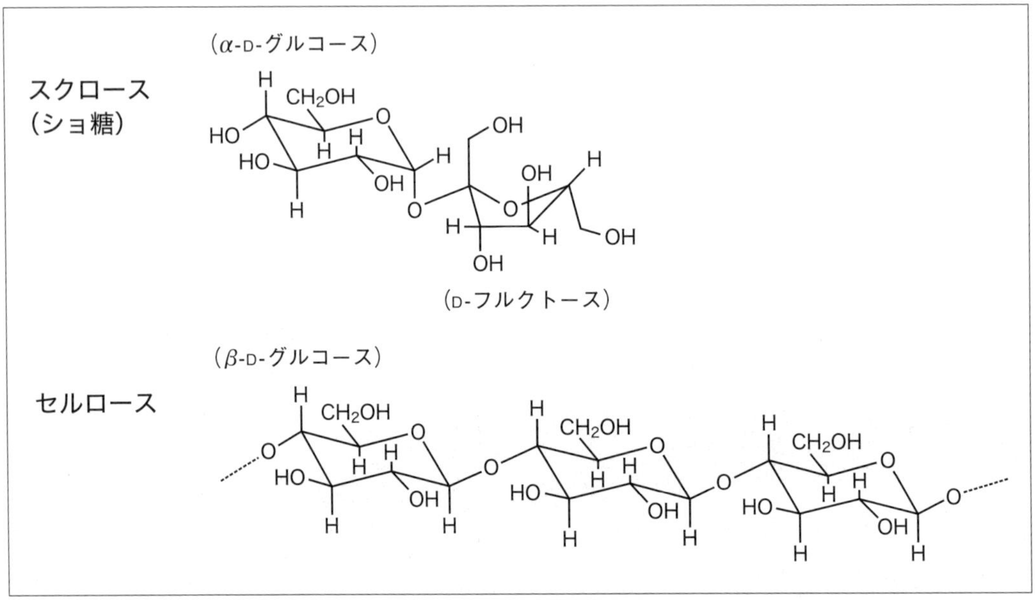

❖ 図A.14 二糖類スクロースおよび多糖類セルロースの構造

合成高分子化合物

タンパク質などの天然に存在する高分子化合物と同じように、プラスチック、化学繊維などのように人工的に小さな分子から巨大分子が作られています。天然高分子化合物に対して合成高分子化合物（ポリマー）といいます。図A.15にその例を示しました。高分子化合物を構成している元の分子を単量体（モノマー）といいます。この単量体が化学反応によって2分子、3分子と順次結合していき、最終的に多数の単量体が結合した巨大分子ができます。この反応過程での詳細については省略しますが、このときの単量体から合成高分子化合物が生成する反応を重合反応といいます。たとえば、エチレンやスチレンが2分子、3分子と順次結合し、その結果エチレンやスチレンの分子が多数連なった巨大分子であるポリエチレンやポリスチレンといった高分子化合物が合成されています。「ポリ」とはたくさんという意味です。これらの合成高分子化合物は、スーパーのレジ袋やトレー、灯油の容器などさまざまな用途に使われています。モノマーのエチレンは常温・常圧で気体です。また、スチレンは液体です。それが、連なることによってフィルムになったりする分子の力のすごさを感じずにはいられません。他にもさまざまな機能を持ったポリマーが作られ、私たちの生活の役に立っています。

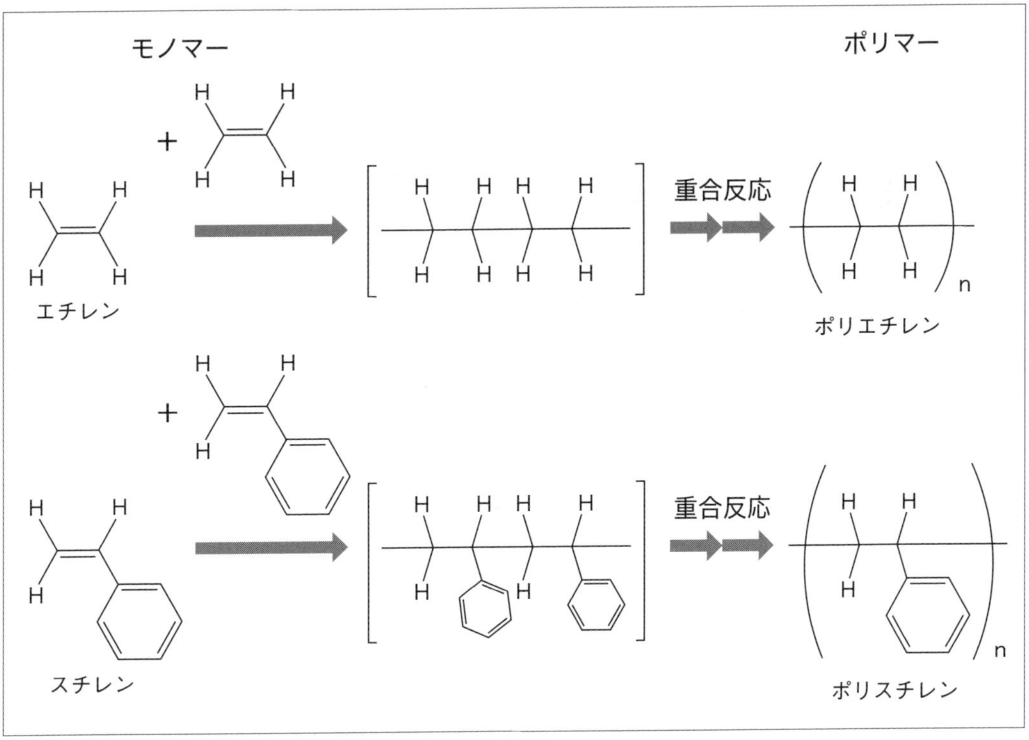

❖ 図A.15　モノマーからポリマーの例

参考文献

○合原眞 他『新しい基礎有機化学』(三共出版) 2009

○大月譲『はじめての有機化学』(東京化学同人) 2012

○加藤明良『有機反応のメカニズム』(三共出版) 2004

○D.R.クライン、竹内敬人 他訳『困ったときの有機化学』(化学同人) 2009

○小林啓二『21世紀の化学シリーズ① 基礎有機化学』(朝倉書店) 2006

○齋藤勝裕 他『わかる×わかった！有機化学』(オーム社) 2009

○芝原寛泰 他『身の回りから見た化学の基礎』(化学同人) 2009

○竹中克彦 他『ニューテック◎化学シリーズ 有機化学』(朝倉書店) 2000

○マクマリー 他、菅原二三男 監訳『第2版 マクマリー生物有機化学 有機化学編』(丸善) 2007

○長谷川正 他『理科教育力を高める 基礎化学』(裳華房) 2011

○舟橋弥益男 他『炭素化合物の世界 総合有機化学入門』(東京教学社) 1994

○山口良平 他『ベーシック有機化学 第2版』(化学同人) 2010

索引

【た行】

【な行】

【は行】

【ま行】

【や行】

【ら行】

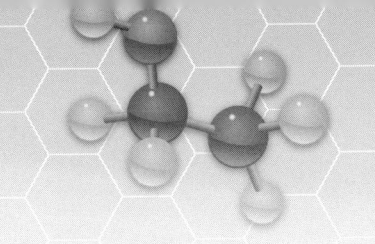

〈著者略歴〉

長谷川 登志夫（はせがわ としお）

1957年東京都生まれ。埼玉大学理学部化学科卒業。東京大学大学院理学系研究科有機化学専攻修了。理学博士。現在、埼玉大学大学院理工学研究科准教授。
専門は香料有機化学。種々の植物由来の香気素材について、有機化学的な観点から香気の特徴についての研究を行っている。

埼玉大学理学部 基礎化学科 長谷川研究室
http://www.hase-lab-fragrance.org/

●マンガ制作 株式会社トレンド・プロ／ブックスプラス

マンガやイラストを使った各種ツールの企画・制作を行う1988年創業のプロダクション。日本最大級の実績を誇る株式会社トレンド・プロの制作ノウハウを書籍制作に特化させたサービスブランドがブックスプラス。企画・編集・制作をトータルで行なう業界屈指のプロフェッショナルチームである。

TRENDPRO BOOKS+ http://www.books-plus.jp/

東京都港区新橋2-12-5 池伝ビル3F
TEL：03-3519-6769 FAX：03-3519-6110

●シナリオ 青木 健生・大竹 康師

●作　　画 牧野 博幸

●Ｄ Ｔ Ｐ 石田 毅

マンガでわかる有機化学

平成26年3月20日　第1版第1刷発行

著　者　長谷川登志夫
作　画　牧野博幸
制　作　トレンド・プロ
企画編集　オーム社 開発局
発行者　竹生修己
発行所　株式会社 オーム社
郵便番号 101-8460
東京都千代田区神田錦町 3-1
電話 03(3233)0641(代表)
URL http://www.ohmsha.co.jp/

印刷・製本　凸版印刷
ISBN978-4-274-06957-4　Printed in Japan

好評関連書籍

マンガでわかる生化学

武村政春 著
菊野郎 作画
オフィス sawa 制作

B5 変判 264頁 本体2200円【税別】
ISBN 978-4-274-06740-2

マンガでわかる栄養学

薗田 勝 著
こやまけいこ 作画
ビーコムプラス 制作

B5 変判 212頁 本体2000円【税別】
ISBN 978-4-274-06929-1

マンガでわかる基礎生理学

田中越郎 監修
こやまけいこ 作画
ビーコム 制作

B5判 232頁 本体2400円【税別】
ISBN 978-4-274-06871-3

マンガでわかる分子生物学

武村政春 著
咲良 作画
ビーコム 制作

B5 変判 248頁 本体2200円【税別】
ISBN 978-4-274-06702-0

マンガでわかる電池

藤瀧和弘・佐藤祐一 共著
真西まり 作画
トレンド・プロ 制作

B5 変判 200頁 本体1900円【税別】
ISBN 978-4-274-06877-5

マンガでわかる半導体

渋谷道雄 著
高山ヤマ 作画
トレンド・プロ 制作

B5 変判 200頁 本体2000円【税別】
ISBN 978-4-274-06803-4

マンガでわかる物理 力学編

新田英雄 著
高津ケイタ 作画
トレンド・プロ 制作

B5 変判 234頁 本体2000円【税別】
ISBN 4-274-06665-7

マンガでわかる量子力学

川端 潔 監修
石川憲二 著
柊 ゆたか 作画
ウェルテ 制作

B5 変判 256頁 本体2200円【税別】
ISBN 978-4-274-06780-8

◎本体価格の変更、品切れが生じる場合もございますので、ご了承ください。
◎書店に商品がない場合または直接ご注文の場合は下記宛にご連絡ください。
TEL.03-3233-0643 FAX.03-3233-3440 http://www.ohmsha.co.jp/